Luigi Schibuola

LA COGENERAZIONE di energia elettrica e calore

Società Editrice ESCULAPIO

ISBN 978-88-8652-462-9

Società Editrice Esculapio s.r.l.
Via Terracini, 30 - 40131 Bologna
www.editrice-esculapio.com - info@editrice-esculapio.it

Ristampa 2007

Layout Copertina: Carlotta Lenzi
Stampato da: Global Print - Gorgonzola (MI)

Printed in Italy

Società Editrice
ESCULAPIO

PREFAZIONE

Questo libro trae spunto dalle lezioni dei corsi di Fisica Tecnica per allievi ingegneri elettrici e di Termotecnica per allievi ingegneri meccanici da me tenuti nella Facoltà di Ingegneria dell'Università di Padova.
Potrebbe quindi sorprendere la circostanza che sia stato preparato per offrire un sussidio didattico e l'occasione di un approfondimento contemporaneamente per due specializzazioni dell'ingegneria così differenti tra loro.
In realtà gli studenti di entrambi i corsi potranno qui trovare argomenti di loro specifica competenza. La peculiarità più affascinante della cogenerazione infatti è che si tratta dell'applicazione che forse più richiede una valutazione globale del problema della produzione e gestione dell'energia nelle sue varie forme.
Lo svolgimento di questi argomenti non va quindi visto solo come un arricchimento del bagaglio culturale delle future generazioni di tecnici, ma anche come un contributo per la formazione di una mentalità di approccio interdisciplinare alla progettazione impiantistica che risulta sempre più vincente.

Il libro si rivolge anche a tutti coloro che si accingono ad occuparsi di produzione combinata di elettricità e calore nell'ambito della loro attività professionale.
Lo scopo è soprattutto quello di illustrare la metodologia per l'esecuzione di un corretto studio di fattibilità tecnica ed economica dell'opzione cogenerativa applicabile anche agli altri possibili interventi di risparmio energetico.
La recente normativa, introdotta in esecuzione della legge 10/91, richiede infatti, in molti casi, l'elaborazione di valutazioni specifiche circa le possibilità tecniche e la convenienza finanziaria di ricorrere a fonti rinnovabili di energia o assimilate in un determinato contesto applicativo. L'esperienza di questi primi anni di applicazione di tali norme ha però mostrato con quanta difficoltà si riesca ad ottenerle, stante la diffusa scarsa conoscenza delle procedure necessarie.

Sarò grato a tutti coloro che mi segnaleranno errori o mancanze presenti nel testo.

Luigi Schibuola

Padova, gennaio 2002

INDICE

CAPITOLO I
CONSIDERAZIONI GENERALI SULLA COGENERAZIONE

1.1 Introduzione

Cogenerare significa produrre contemporaneamente due diverse forme di energia solitamente calore ed energia elettrica. Naturalmente è sempre possibile pensare ad una produzione indipendente delle due forme di energia, ma l'interesse per una produzione combinata scaturisce dalla possibilità di ottenere una resa complessiva superiore. Infatti per il secondo principio della termodinamica solo una parte del calore ad alta temperatura fornito ad un ciclo diretto viene trasformato in lavoro. La produzione dell'energia meccanica necessaria per azionare il generatore elettrico è sempre accompagnata dalla cessione di una parte del calore fornito ad una seconda sorgente a temperatura inferiore. Lo scopo della cogenerazione è quindi proprio quello di utilizzare questo calore che altrimenti verrebbe disperso nell'ambiente esterno e quindi del tutto sprecato. Naturalmente condizione imprescindibile per questo recupero è la presenza di una contemporanea domanda di energia termica ad una temperatura che sia compatibile con il livello termico del calore ceduto dall'impianto di cogenerazione. Un esempio numerico puo' aiutare a chiarire le idee. Supponiamo di avere la richiesta contemporanea di una potenza elettrica Pe e di una potenza termica Pt tale che il rapporto Pe/Pt sia uguale a 0,64. Per ogni 34 unità di energia elettrica dovranno quindi essere anche fornite 53 unità di energia termica. Consideriamo quindi di produrre in modo indipendente i due tipi di energia. L'energia elettrica viene prodotta con un generatore (ad esempio un gruppo elettrogeno) con un'efficienza media pari a 0,34 mentre l'energia termica sia ottenuta da una caldaia con un'efficienza termica media pari ad esempio a 0,90. L'altra possibilità è quella di recuperare il calore sviluppato dallo stesso gruppo elettrogeno ottenendo cosi' contemporaneamente le 53 unità termiche richieste. Possiamo allora scrivere i seguenti rendimenti:

Produzione indipendente:

Rendimento generazione elettrica $\eta_e = \frac{34}{100} = 0,34$

Rendimento generatore termico $\eta_t = \frac{53}{59} = 0,90$

Rendimento globale $\eta_g = \frac{34+53}{100+59} = 0,55$

Cogenerazione:

Rendimento globale $\eta_g = \frac{34+53}{100} = 0,87$

In questo caso l'impiego della cogenerazione permette un risparmio pari al 37% dell'energia consumata nel caso di produzione indipendente con un incremento del rendimento globale pari al 58%.
Questo semplice esempio applicativo evidenzia come la scelta cogenerativa permetta di realizzare un significativo contenimento dei consumi energetici e in questo modo possa anche offrire l'opportunità di realizzare notevoli risparmi sui costi di gestione degli impianti di produzione dell'energia. Proprio nell'impianto cogenerativo in effetti puo' realizzarsi in pieno il concetto di sistema ad energia totale in grado cioè di sfruttare al massimo l'energia del combustibile consumato. Oltre al risparmio energetico fondamentale risulta anche l'aspetto ambientale. La generazione di energia attraverso combustibili fossili è accompagnata dall'emissione in atmosfera dei prodotti della combustione particolarmente inquinanti quali NO_X, SO_X, C_XH_Y, ceneri e particolato oltre alla inevitabile CO_2 responsabile dell'effetto serra. La riduzione o almeno il contenimento di queste emissioni richiedono necessariamente una migliore efficienza di generazione energetica quale appunto si realizza nella cogenerazione. Proprio queste motivazioni hanno determinato in questi ultimi anni il favore del legislatore sia in Italia che all'estero nei confronti della tecnica cogenerativa. In particolare in Italia, la legge 9 del gennaio 1991 e i suoi successivi decreti applicativi hanno dato notevoli incentivi allo sviluppo della cogenerazione. Particolarmente significative poi sono le facilitazioni concesse per la costruzione di impianti

cogenerativi, anche di modesta potenza (microcogenerazione), realizzati da privati. Questa circostanza rende fattibile una diffusione capillare di piccoli impianti da realizzare in prossimità alle utenze. E' così possibile superare una delle maggiori difficoltà a volte presenti negli impianti di grande potenza e cioè l'utenza è spesso ben distante dalla centrale elettrica e quindi risulta necessario realizzare onerosi collegamenti idraulici su grandi distanze per poter utilizzare la grande quantità di calore disponibile. La legislazione introdotta in effetti mira anche a contenere le problematiche legate all'impatto ambientale che normalmente accompagnano la produzione di energia elettrica. Vincoli ambientali e la crescente attenzione, che sfocia spesso in aperta ostilità, delle comunità locali rende sempre piu' difficoltosa la costruzione di nuove centrali elettriche di grandi dimensioni. Da questo punto di vista, una produzione elettrica decentrata su molte unità di potenza ridotta distribuite nel territorio, risulta piu' facilmente realizzabile.
Il nodo cruciale da sciogliere per la scelta della cogenerazione è a questo punto di ordine economico e finanziario. Si tratta cioè di vedere se il maggiore investimento iniziale di solito necessario per l'impianto cogenerativo risulta remunerativo sulla base del risparmio economico conseguibile sul costo dell'energia globalmente richiesta dall'utenza. Per le centrali comunque realizzate per la produzione di energia elettrica occorre valutare la convenienza economica legata all'utilizzo del calore, altrimenti dissipato, a fronte delle spese richieste per renderlo disponibile all'utenza finale. Per le medie e piccole potenze si tratta invece di norma di decidere a favore dell'autogenerazione in luogo del piu' semplice acquisto di energia elettrica dall'ente di distribuzione. L'analisi finanziaria deve quindi in questo caso stimare la convenienza dell'investimento legato al costo dell'intero impianto cogenerativo a fronte dei risparmi annuali ottenibili sulle spese di gestione rispetto alla soluzione tradizionale caratterizzata dalla produzione del calore e dalla fornitura di energia elettrica.
La cogenerazione non è sempre e comunque conveniente, anzi gli alti costi iniziali aggiuntivi limitano le situazioni applicative e le specifiche scelte progettuali in grado di dare un risultato economico soddisfacente.
La progettazione di un impianto di cogenerazione non puo' quindi essere improvvisata. E' invece necessaria una conoscenza precisa delle possibilità, ma anche dei limiti, delle varie soluzioni proponibili in ogni singolo contesto applicativo. A questa deve seguire una previsione accurata dell'entità e degli andamenti dei fabbisogni termico ed elettrico dell'utenza nel corso dell'anno e un' analisi dei molteplici fattori che possono influenzare le prestazioni tecniche ed economiche dell'impianto.

L'analisi costi-benefici fornirà poi lo strumento per validare la scelta migliore confrontando tra le possibili soluzioni alternative.
Le fasi di progettazione esecutiva e di realizzazione richiederanno competenze multidisciplinari: dalla meccanica alla elettrotecnica, dalla acustica alla termotecnica.
Occorre infine ricordare che anche il miglior impianto puo' dare pessimi risultati se non è adeguatamente gestito. Si deve quindi sempre programmare con debito anticipo la disponibilità di personale addestrato per una corretta conduzione e manutenzione. Data la complessità di funzionamento, nelle realizzazioni piu' significative, risulta quanto mai opportuno prevedere poi il monitoraggio dell'installazione per verificarne le prestazioni e per un'eventuale messa a punto successiva.

CAPITOLO II

I MOTORI PRIMI

2.1 Generalità

L'impianto di cogenerazione è un particolare impianto combinato per la produzione di energia costituito da due sezioni poste in cascata, in cui la sezione ad alta temperatura produce energia meccanica (trasformata poi in elettrica) e la sezione a bassa temperatura fornisce energia termica. Il campo di impiego della cogenerazione puo' in teoria variare da potenze di qualche decina di kiloWatt fino alle centinaia di megaWatt. Per questo motivo non esiste una scelta unica per il ciclo termico di azionamento e quindi per il motore primo da adottare nelle applicazioni cogenerative. Il problema della ricerca della soluzione ottimale va risolta, di volta in volta, per ogni singola applicazione in base a parametri di giudizio che non saranno solo di natura tecnica ed economica, ma possono invece coinvolgere esigenze di carattere ambientale, urbanistico e sociale. L'individuazione della soluzione ottimale non è percio' semplice, ma soprattutto non è univoca perchè risente della concomitante azione di molteplici fattori il cui peso è soggetto a valutazioni soggettive anche notevolmente diverse.
Vediamo allora nel dettaglio quali sono le fondamentali tipologie cogenerative tra le quali il progettista è normalmente chiamato ad operare la sua scelta:

- turbine a vapore
- turbine a gas
- motori a combustione interna

2.2 Turbine a vapore

Le turbine a vapore sono normalmente installate in impianti che operano secondo il ciclo Rankine. La potenza meccanica prodotta all'albero della turbina aziona il generatore elettrico.
Il generatore di vapore puo' essere alimentato con calore ottenuto nei modi piu' disparati: dai combustibili fossili piu' pregiati fino alle biomasse e in particolare, in questo caso, può essere ricavato dagli inceneritori di rifiuti

solidi urbani. Circostanza che ne esalta, a volte, la convenienza di impiego e i conseguenti vantaggi ambientali. Esistono poi concrete possibilità di utilizzo di residui agricoli e dell'industria agroalimentare. Oltre ai residui si sta sperimentando anche la coltivazione di piante oleaginose e amidacee o zuccherine per un impiego come biocombustibili. Questa tecnologia potrebbe offrire anche una soluzione al problema della sovraproduzione agricola che in questo periodo affligge la Comunità Europea.
Occorre però ricordare che i combustibili più economici sono di norma più scadenti e anche spesso i più inquinanti, se non si prendono adeguati accorgimenti. Occorre quindi prevedere l'installazione di sofisticati, ingombranti e costosi sistemi di depurazione dei fumi oppure camere di combustione a letto fluido. In queste ultime i combustibili, solidi ma macinati come la polvere di carbone oppure liquidi costituiti da idrocarburi pesanti, vengono mantenuti in sospensione in un flusso di aria ad alta turbolenza e pressione. Durante la trasformazione i prodotti della combustione vengono messi a contatto con polveri fortemente assorbenti ad esempio a base di calce. Si ha così una reazione chimica con gli ossidi di zolfo liberati dai combustibili che produce solfato di calcio in grani che possono essere facilmente abbattuti nei successivi filtri a cicloni. Con questo processo si ha inoltre una combustione a temperatura più contenuta che limita le emissioni di Nox.
E' chiaro però che la sofisticazione e la complessità di questi sistemi risulta economicamente giustificata solo nelle grandi realizzazioni quali possono essere appunto gli impianti degli inceneritori di rifiuti.
Diversa può essere la modalità di sfruttamento del calore prodotto: si distinguono infatti fondamentalmente gli impianti con turbina a contropressione e quelli con turbina a derivazione e condensazione.

2.2.1 Le turbine a contropressione

In questo caso il vapore prodotto espande in turbina fino ad un livello di pressione e quindi di temperatura compatibile con il livello richiesto dall'utenza termica. La pressione del vapore all'uscita della turbina risulta cosi' decisamente superiore a quella normalmente prevista nel caso di sola generazione elettrica dove il criterio progettuale predominante è quello di ottimizzare il salto di pressione nella turbina per ottenere il massimo rendimento in termini di produzione elettrica. Di conseguenza le turbine a contropressione presentano una minore efficienza e quindi un maggior consumo specifico di vapore per unità di potenza resa.

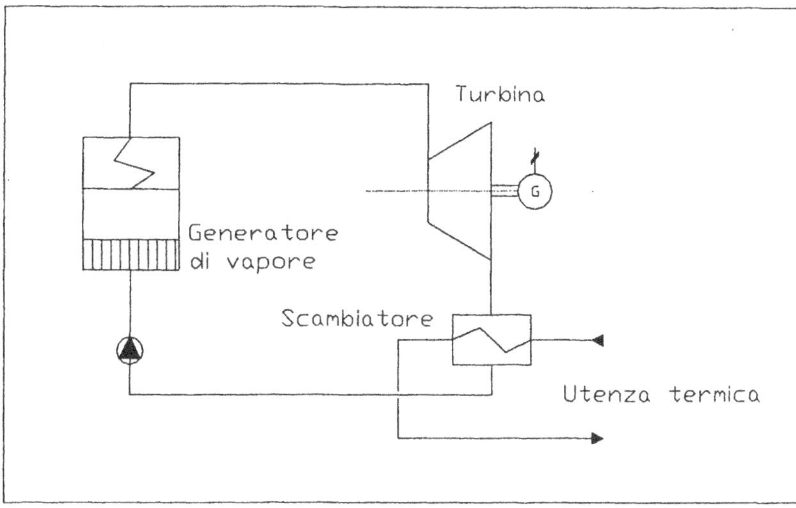

Fig. 2.1 Impianto con turbina a vapore a contropressione.

Viceversa l'espansione piu' contenuta e soprattutto il piu' basso volume specifico del vapore in uscita permettono di limitare la macchina ad un unico corpo di turbina di dimensioni contenute con una riduzione sensibile dei costi rispetto agli impianti dell'altro tipo.

Il vapore scaricato dalla turbina puo' essere utilizzato direttamente inviandolo all'utenza mediante un'opportuna rete di vapore. Questa possibilità si verifica quasi esclusivamente nel settore industriale quando le lavorazioni previste richiedono l'impiego di vapore a bassa pressione (2-8 bar) come ad esempio nelle cartiere, zuccherifici e in genere nell'industria chimica, tessile ed alimentare. Mancando la possibilità di recuperare la condensa si dovrà in questo caso prevedere il reintegro continuo dell'impianto con acqua opportunamente trattata. Per evitare la formazione di incrostazioni soprattutto all'interno del generatore di vapore si deve infatti depurare l'acqua dalla presenza di sali minerali. Occorre inoltre eliminare i gas disciolti (aria) per ridurre la presenza di incondensabili nel ciclo.

Con l'impianto a condensatore caldo (fig. 2.1) si sceglie invece di trasferire il calore dal vapore espanso che condensa in un opportuno scambiatore a superficie (condensatore caldo) ad un fluido secondario che serve l'utenza.
La soluzione impiantistica cosi' prevista è caratterizzata da una scarsa flessibilità alla variazione indipendente di ciascuno dei due carichi richiesti. Infatti il rapporto tra produzione elettrica e termica si mantiene pressochè costante.

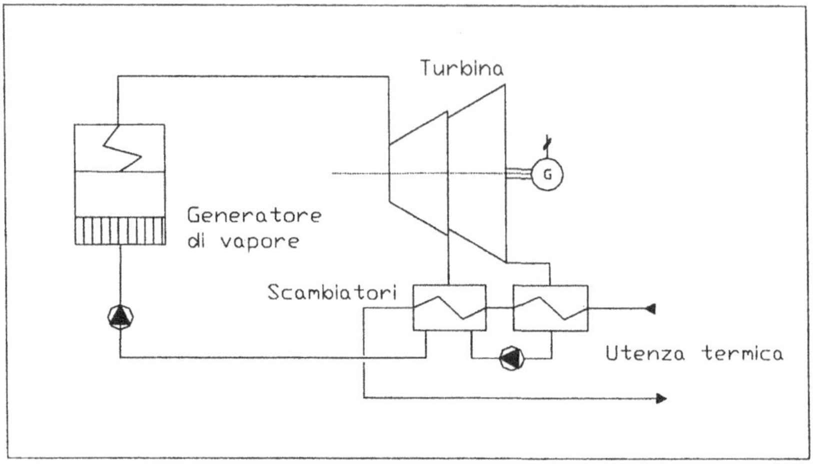

Fig. 2.2 Impianto con turbina a vapore a contropressione e due condensatori.

In presenza di un esubero di produzione elettrica si puo' programmare di cederla alla rete pubblica cosi' come consentito dalla legislazione recentemente introdotta e di cui parleremo in seguito. Il problema riguarda allora soprattutto l'utenza termica dato che in ogni caso il condensatore caldo deve smaltire tutto il calore disponibile che dovrà quindi in parte essere dissipato senza effetti utili.
Per aumentare l'elasticità funzionale si possono utilizzare turbine con due o piu' condensatori caldi (fig. 2.2) prevedendo possibili prelievi di vapore intermedi quando il carico termico è massimo. Negli impianti di piccola e media potenza si preferisce comunque previlegiare la soluzione piu' semplice.

2.2.2 Le turbine a derivazione

Il vapore prodotto puo' espandere in turbina fino al livello di pressione piu' basso compatibile con la temperatura del fluido esterno utilizzato per asportare il calore dal condensatore cosi' come di norma avviene nelle grandi centrali elettriche. Il calore richiesto per l'utenza termica è ottenuto derivando parte del vapore nel corpo di bassa pressione della turbina al livello di temperatura e pressione richiesto per alimentare l'utenza (fig. 2.3).

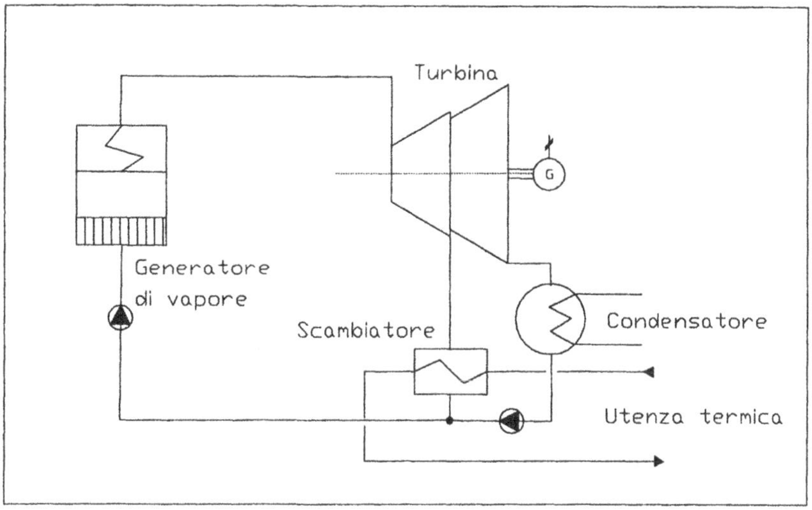

Fig. 2.3 Impianto con turbina a vapore a derivazione.

Solo il vapore rimasto nella turbina continua quindi la propria espansione fino alle condizioni di scarico. Anche in questo caso il vapore estratto puo' essere direttamente utilizzato oppure il relativo calore viene ceduto ad un fluido secondario in uno o piu' scambiatori a superficie.

A questa derivazione di vapore a fini cogenerativi si possono poi affiancare i tradizionali spillamenti utilizzati nei cicli cogenerativi per aumentare il rendimento del ciclo Rankine. Queste complicazioni impiantistiche sono giustificate solo nel caso di grandi realizzazioni dove un incremento dell'efficienza di qualche punto percentuale permette sensibili risparmi in termini energetici e gestionali.

In presenza dei carichi di progetto, a causa della dissipazione del calore di condensazione, questi impianti cogenerativi hanno un rendimento termico complessivo inferiore a quelli con turbine a contropressione. Sono pero' caratterizzati da una notevole flessibilità di funzionamento e sono quindi particolarmente idonei in presenza di utenze con assorbimenti termici discontinui. Infatti la portata di vapore derivata puo' variare dal valore massimo di progetto al valore nullo con sola produzione quindi di energia elettrica il cui esubero puo' essere ceduto alla rete senza problemi.
Rispetto agli impianti con turbine a contropressione, risultano però piu' costosi e trovano quindi applicazioni per potenze medie e grandi utilizzando turbine a vapore a condensazione pura tipicamente impiegate nelle grandi centrali per la produzione termoelettrica.

2.3 Turbine a gas

In fig. 2.4 è schematizzato il classico impianto con turbina a gas per fini cogenerativi. L'aria comburente preventivamente compressa viene inviata alla camera di combustione in cui viene iniettato il combustibile.

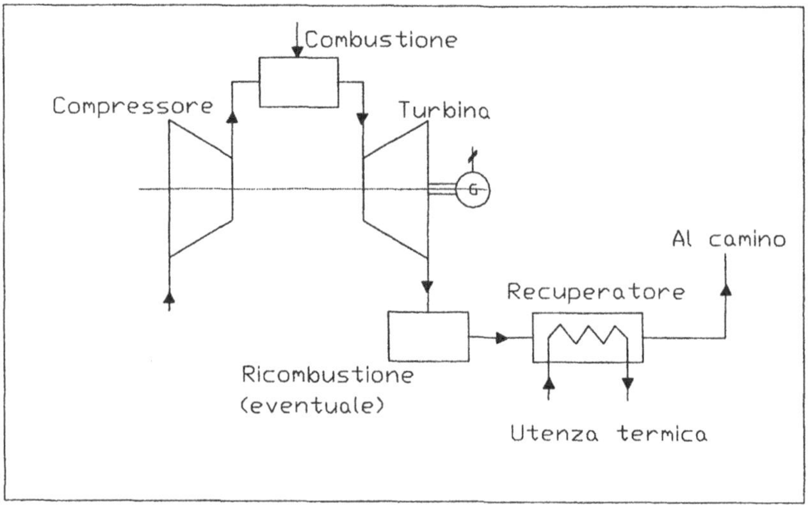

Fig. 2.4 Impianto con turbina a gas

La combustione avviene in presenza di un notevole eccesso d'aria per avere una consistente portata di fluido operativo e per contenere la temperatura all'ingresso della turbina a valori compatibili con le caratteristiche di resistenza allo scorrimento viscoso delle palette della turbina (normalmente 800-1200°C). Il fluido in uscita dalla turbina presenta ancora un' alta temperatura (350-500°C) e data la notevole presenza di ossigeno (16-18%) puo' essere eventualmente utilizzata come comburente in una successiva caldaia di postcombustione che permette cosi' di aumentare l'energia termica disponibile. Il calore recuperato è caratterizzato da un elevato livello termico che consente di soddisfare anche utenze particolarmente impegnative.
Ad esempio è indicato per l'alimentazione di gruppi frigoriferi ad assorbimento mediante acqua calda surriscaldata o vapore. Per lo stesso motivo è anche possibile accoppiare l'impianto con turbina a gas con quello della turbina a vapore ottenendo cosi' il ciclo misto schematizzato in fig. 2.5, il calore ottenuto consente la produzione di vapore.
Il ciclo gas/vapore permette di aumentare l'efficienza di generazione elettrica dell'impianto a scapito però dell'efficienza energetica globale data la riduzione della produzione termica.
La turbina a gas è caratterizzata da una grande rapidità di avviamento, affidabilità, durata e ridotta manutenzione, ma la produzione di energia elettrica presenta un'efficienza piuttosto bassa se riferita a quella degli altri sistemi. Le caratteristiche nominali di una turbina a gas sono sempre riferite a condizioni climatiche standard fissate da ISO per la loro prova. Una più bassa pressione barometrica o una più alta entalpia dell'aria in ingresso degradano rapidamente le prestazioni della macchina. In particolare la potenza resa è fortemente influenzata dalla temperatura (e quindi densità) dell'aria immessa e in particolare si riduce al crescere della temperatura. Di conseguenza è importante verificare le effettive rese della macchina a fronte dei contemporanei fabbisogni dell'utenza. Puo' risultare poi conveniente stabilizzare tale livello termico rispetto all'escursione annuale della temperatura dell'aria esterna di alimentazione mediante un preriscaldamento invernale, normalmente da recuperi a bassa temperatura, e un preraffreddamento estivo, quando possibile. Normalmente si usa far funzionare la turbina a carico elettrico fisso dato che la sua efficienza puo' venire fortemente penalizzata in presenza di carichi parziali. Ci si adegua invece alle variazioni del carico termico mediante la regolazione della caldaia di postcombustione. A tale scopo si prevede un by-pass per i fumi, regolato da un sistema di serrande, che permettono di controllare la portata

effettivamente mandata nella caldaia di postcombustione mentre la rimanente parte viene inviata direttamente al camino.
In questi impianti sono richiesti combustibili pregiati come gasolio, kerosene o gas metano ad una pressione di alimentazione di 10-12 bar.

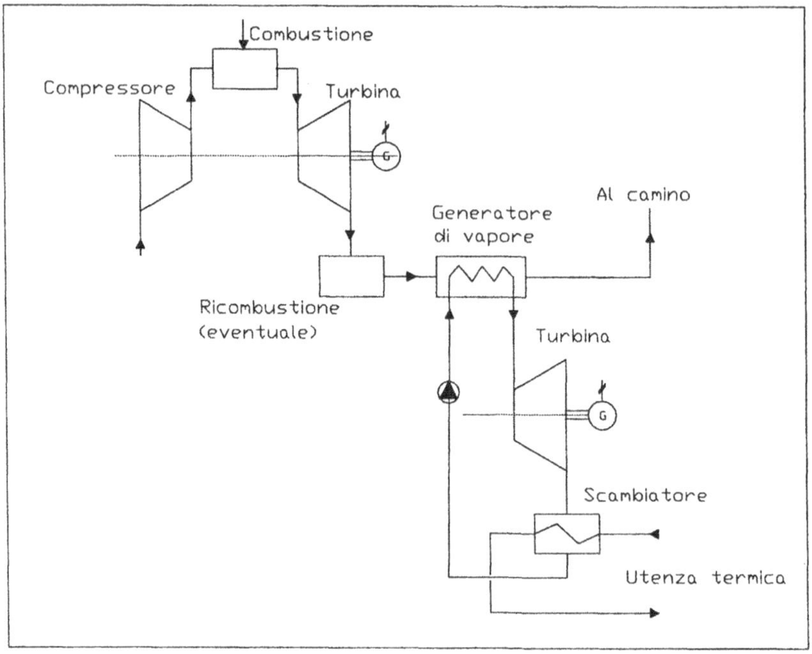

Fig. 2.5 Impianto a ciclo misto gas e vapore.

L'impiego del gas metano distribuito dalla rete richiede allora di norma una centrale di ricompressione. Questo comporta un'aggravamento del problema acustico già presente con la turbina a gas che è già una forte sorgente di rumore. Il contenimento delle emissioni sonore viene risolto mediante la realizzazione di apposite cabine afone che permettono l'abbattimento prescritto dalle rigorose norme oggi vigenti. L'efficacia di tali interventi è facilitata dalla circostanza che le emissioni sonore di una turbina avvengono essenzialmente a frequenze medio alte che sono le piu' semplici da neutralizzare.
L'impianto della turbina a gas presenta solitamente un'esecuzione compatta (fig. 2.6), ma ulteriori pesi ed ingombri sono dovuti agli organi accessori primo fra tutti la caldaia di postcombustione che richiede un collegamento in

linea con la turbina con un diffusore di adeguata lunghezza per permettere di stabilizzare le turbolenze del gas di scarico (figg 2.7 e 2.8). Occorre poi aggiungere i collettori di adduzione al camino e le stesse opere di insonorizzazione. Inoltre occorre considerare il riduttore di velocità tra albero e alternatore necessario perchè le turbine hanno una velocità di rotazione decisamente più elevata di quella richiesta per azionare il generatore elettrico,

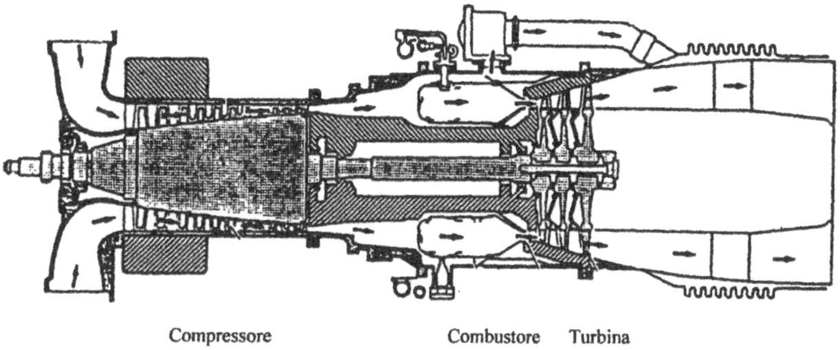

Fig. 2.6 Sezione di una turbina a gas.

Fig. 2.7 Vista complessiva di un impianto con turbina a gas.

Per quanto riguarda le emissioni di gas inquinanti nell'atmosfera, occorre ricordare che le elevate temperature realizzate nell'impianto comportano la presenza di NO_X che vanno ridotti sotto i limiti prescritti dalle leggi vigenti. La tecnica attualmente in uso è quella di impiegare opportuni convertitori catalitici. Dato il loro costo non indifferente di installazione e di gestione, si stanno oggi diffondendo altri metodi quali l'iniezione di vapore o acqua in modo da abbassare la temperatura di combustione e quindi la formazione di NO_X. Si ha così il ciclo STIG in cui si produce vapor d'acqua nella caldaia di recupero. Tale vapore viene successivamente iniettato nella turbina a gas e/o in camera di combustione. Si ha così ancora un miglioramento del rendimento di generazione elettrica a scapito della efficienza di produzione termica. Lo scopo fondamentale è però quello di controllare la formazione di NOx riducendo la temperatura media in turbina ed eventualmente in camera di combustione. Si osservi che il ciclo STIG si posiziona tra il ciclo semplice e quello misto gas/vapore con doppia turbina. Rispetto a quest'ultimo permette infatti di evitare l'installazione della turbina a vapore e quindi anche del condensatore. Per questo motivo può risultare economicamente più conveniente del ciclo misto.

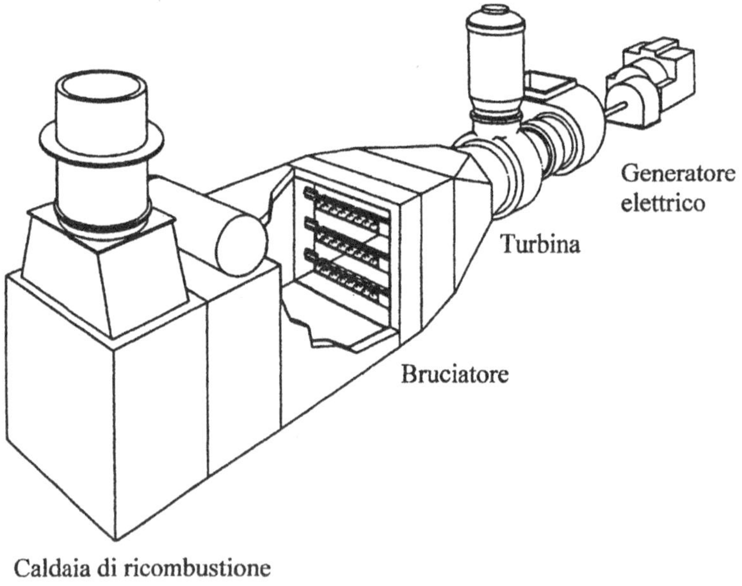

Fig. 2.8 Particolare del collegamento turbina e caldaia di ricombustione.

2.4 Motori a combustione interna.

I motori attualmente piu' utilizzati sono quelli a ciclo Otto alimentati a gas metano e quelli a ciclo Diesel alimentati a gasolio. Per questi ultimi c'è anche la possibilità di impiegare il cosiddetto dual fuel cioe' metano con una piccola iniezione di gasolio come pilota della combustione del gas (5% di gasolio, il resto metano). Il motore potrà poi essere a 2 o 4 tempi anche se il 4 tempi permette migliori prestazioni del motore a carico parziale. La macchina è comunque caratterizzata da un'efficienza di produzione elettrica elevata, oltre il 30%, e costante in un ampio campo di regolazione dei carichi. Il motore alternativo rende disponibile calore a livelli termici differenziati. Si consideri ad esempio lo schema di impianto presentato in fig. 2.9.

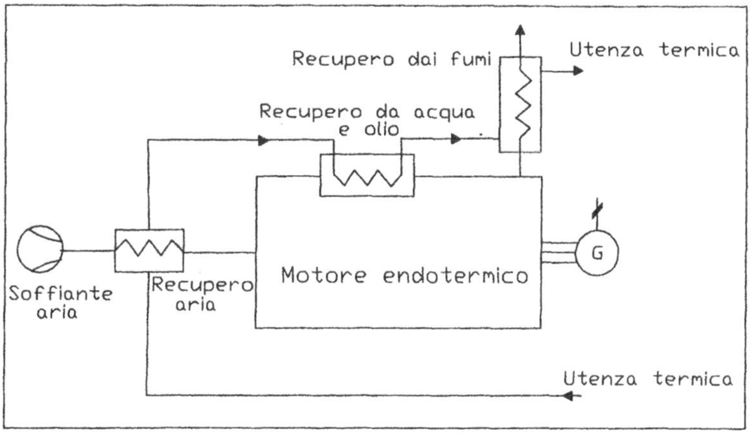

Fig. 2.9 Schema di un impianto cogenerativo con motore c.i..

E' possibile recuperare, ad un livello di 85-90°C, dal raffreddamento del motore e dell'olio lubrificante normalmente una quota pari a circa il 30% dell' energia termica fornita al motore. In presenza di sovralimentazione, è eventualmente possibile recuperare calore anche dall'aria comburente. Si ha poi il raffreddamento dei gas di scarico che all'uscita del motore hanno una temperatura di 400-500°C questi possono essere tranquillamente raffreddati fino a circa 200°C per produrre ad esempio vapore a 8 bar (180°C) oppure si

puo' incrementare il recupero producendo acqua calda ad una temperatura piu bassa con un raffreddamento dei fumi fino ad una temperatura (circa 150-180°C) superiore a quella di condensa. Per raffreddamenti superiori occorre prevedere scambiatori e condotti dei fumi in grado di resistere alla corrosione degli acidi che si possono sviluppare nella condensazione. In tal caso occorre inoltre evitare il rischio di un possibile accumulo di incombusti che possono dare pericolo di scoppio. Di norma il recupero termico dai fumi è compreso tra il 20 e il 30% dell'energia termica totale fornita al motore.
L'impianto di cogenerazione puo' essere disponibile già completamente assemblato direttamente dal costruttore in una forma compatta che richiede solo i collegamenti idraulici ed elettrici fondamentali (figg. 2.10 e 2.11).

Fig. 2.10 Vista d'assieme di un sistema cogenerativo compatto.

E' questo normalmente il caso in cui la richiesta termica è caratterizzata da un unico valore della temperatura compatibile con il recupero totale. I vari scambiatori vengono quindi messi in serie dando priorità a quelli che lavorano con temperature piu' basse. Il recupero unico fornisce quindi solitamente acqua calda a 85-90°C dovendo la temperatura dell'acqua di ritorno al circuito di raffreddamento del motore non superare i 70°C.
Temperature superiori non sono infatti consigliabili per un buon funzionamento dei normali motori potendosi creare problemi legati al surriscaldamento soprattutto nelle camicie dei pistoni e nell'accoppiamento cilindro-pistone. In effetti sono anche disponibili sul mercato motori con

caratteristiche speciali in grado di lavorare con temperature piu' alte ma essi attualmente vengono raramente usati. All'incremento delle prestazioni si accompagna infatti anche un sensibile aumento del costo delle macchine per cui l'effettiva convenienza al loro impiego è abbastanza discutibile e comunque da verificare in ciascuna particolare applicazione.

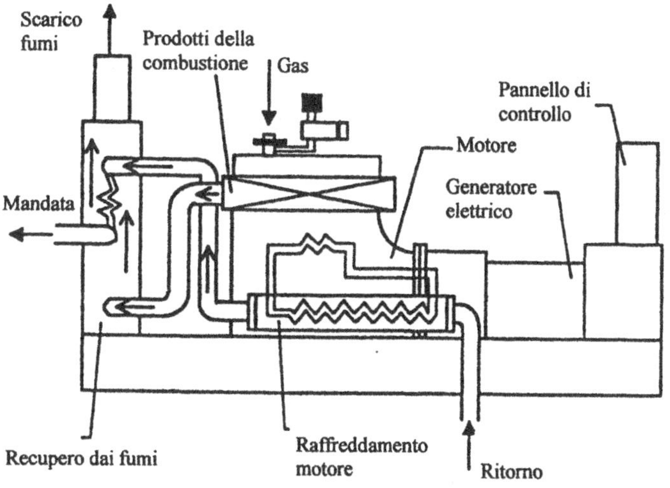

Fig. 2.11 Schema funzionale di una piccola unità cogenerativa compatta.

Proprio per evitare il rischio di improvvisi innalzamenti della temperatura di ritorno, deve sempre essere previsto un sistema di dissipazione del calore in eccesso rispetto alla richiesta dell'utenza termica. Questo puo' essere semplicemente costituito da una batteria alettata raffreddata dalla aria mossa da un ventilatore oppure negli impianti piu' grandi puo' essere una torre evaporativa.

Importante è anche, come per tutti i motori a combustione interna, la fase di avviamento e messa a regime. E' quindi auspicabile la presenza di una valvola a tre vie in grado, durante questa fase, di ricircolare parte dell'acqua di mandata per accelerare il riscaldamento iniziale del motore ed evitare temperature troppo basse per l'acqua di ritorno. Il motore a combustione interna funziona bene quando l'esercizio è meno intermittente possibile ciò comporta che viene regolato in modo da funzionare in continuo seguendo la richiesta elettrica e dissipando il calore in esubero. Viceversa nei periodi di forte richiesta termica si dovrà utilizzare le caldaie di riserva. Una soluzione

proposta soprattutto negli impianti di piccola taglia è allora quella di installare degli accumuli termici, normalmente serbatoi di acqua, caricati nei periodi di esubero e disponibili per i picchi di fabbisogno termico.
Sono presenti sul mercato motori con potenze da 15 kW fino a 20 MW. Nonostante questa ampia gamma, al crescere della potenza installata nella centrale cogenerativa è conveniente il suo frazionamento fra piu' unità, anche fino a 6-10. Sotto il profilo degli investimenti infatti puo' risultare meno costoso utilizzare piu' motori di piccola taglia realizzati in grande serie magari di derivazione automobilistica, piuttosto che un unico motore di elevata potenza, ma di mercato ridotto. Ci sono poi esigenze di affidabilità e manutenzione, di facilità di regolazione ai carichi parziali che suggeriscono l'aumento del numero dei motori.

Fig. 2.12 Vista di un convertitore catalitico parzialmente sezionato.

I gruppi endotermici richiedono interventi di insonorizzazione sia per quanto riguarda il motore, che va normalmente posto in una cabina afona munita pero' delle opportune prese d'aria di ventilazione, sia per i condotti di scarico che vanno muniti di silenziatori. Dovrà essere risolto anche il problema del controllo delle vibrazioni prodotte dai motori mediante l'impiego di adeguati

supporti elastici. Questi interventi risultano facilitati dalla scelta di un locale con caratteristiche idonee per l'installazione del sistema cogenerativo da prevedere possibilmente già nella fase di progettazione architettonica dell'edificio. A tale proposito si ricorda inoltre che superando i 35 kW di potenza gli impianti cogenerativi sono anche soggetti ai controlli di prevenzione incendi da parte dei vigili del fuoco che prescrivono anche i requisiti per i locali dove si prevede di ubicarli.
I motori a combustione interna richiedono una manutenzione continua e costosa che deve essere già programmata in fase di progettazione e tenuta in considerazione anche nell'analisi costi-benefici nello studio di fattibilità dell'impianto. Con un esercizio corretto e una puntuale manutenzione il motore cogenerativo puo' pero' raggiungere e superare le centomila ore di funzionamento.
Dal punto di vista dell'inquinamento ambientale, l'impiego sempre più diffuso del gas come combustibile ne riduce gli effetti. In un motore a gas l'ammontare di NOx e CO nei fumi di scarico dipende essenzialmente dalla quantità d'aria miscelata con il combustibile nel motore. Un preciso controllo di questo rapporto permette un'uso efficace di convertitori di tipo catalitico. Questi permettono di trasformare NOx, CO e UHC in acqua, anidride carbonica e azoto (fig. 2.12). La riduzione degli agenti inquinanti può superare il 90%.

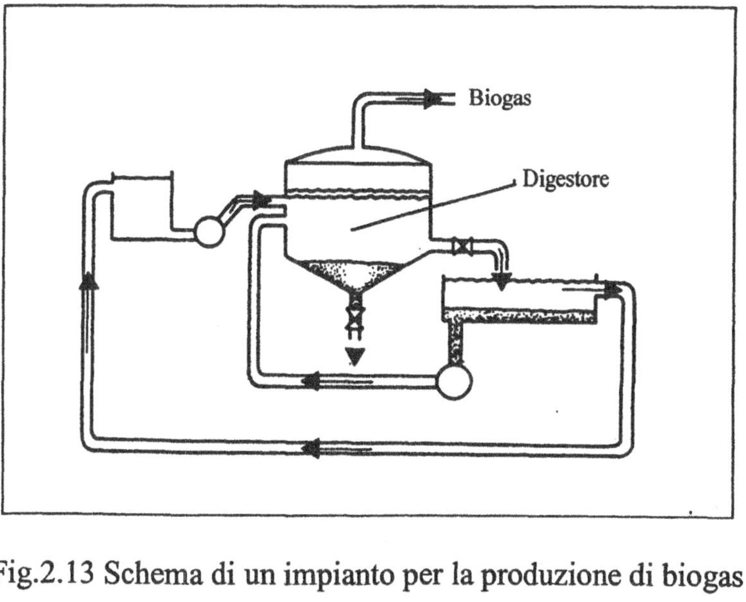

Fig.2.13 Schema di un impianto per la produzione di biogas

Anche per le sue ricadute ambientali, interessante è la possibilità di azionare motori a combustione interna mediante biogas cioè gas ottenuto dalla digestione anaerobica di biomasse in particolar modo dai liquami. Si tratta di un processo assolutamente interessante per il trattamento dei rifiuti organici anche perchè risulta adatto per quei prodotti molto umidi che difficilmente si presterebbero ad essere utilizzati direttamente come combustibili a meno di complicati e dispendiosi trattamenti di essicazione. Il materiale organico deve essere fornito ai batteri opportunamente sminuzzato per facilitarne l'opera entro un apparecchio che prende allora il nome di digestore. I microorganismi con un processo a più stadi decompongono la sostanza organica nei suoi componenti fondamentali senza che, per mancanza di aria, si abbiano processi di ossidazione. Il biogas così ottenuto è composto per circa un 50-70% da metano, il resto è anidride carbonica con poche tracce di altri gas. Per aumentare la concentrazione di metano si può eliminare l'anidride carbonica facendo gorgogliare il biogas in acqua alcalinizzata con NaOH. In questo modo si può ottenere una concentrazione di metano prossima al 95%. In fig. 2.13 si riporta lo schema di un impianto di medie dimensioni per la produzione di biogas.

2.5 Confronto tra impianti con motori primi diversi

Nel progetto di un impianto cogenerativo la scelta fondamentale riguarda naturalmente il motore primo. Pur non potendo essere la decisione del tutto univoca, questa è essenzialmente legata alle diverse caratteristiche e alle prestazioni delle macchine disponibili nel mercato oltre che alle esigenze energetiche del singolo contesto applicativo. Le possibili opzioni in termini di motore primo si differenziano prima di tutto riguardo ai rendimenti di produzione elettrica e termica oltre che al rapporto tra la potenza termica e quella elettrica generate. Per fissare le idee si riporta in tab. 2.I un confronto tra i rendimenti parziali di produzione elettrica, termica e quello energetico totale con diversi motori primi. E' inoltre riportato il rapporto tra potenza termica e corrispondente potenza elettrica prodotta nei vari casi. I dati si riferiscono ad un'applicazione in presenza di un'utenza termica a bassa temperatura (riscaldamento di edifici). Si osservi che la resa elettrica della turbina a vapore risulta ridotta rispetto ai classici impianti a ciclo Rankine delle grandi centrali termoelettriche in misura dipendente dal prelievo del calore che comporta un minor salto di pressione per l'espansione nelle turbine o uno spillamento di parte del vapore disponibile. Al crescere della potenzialità dell'impianto questa penalizzazione pero' si attenua. A questo si aggiunge una riduzione dei costi di installazione, di gestione e manutenzione se riferiti all'unità di potenza elettrica prodotta. C'è inoltre la possibilità di usare un'ampia gamma di combustibili anche non pregiati contribuendo eventualmente anche allo smaltimento dei rifiuti, come già ricordato. Nelle grandi realizzazioni cogenerative l'uso degli impianti a vapore diventa cosi' la norma con impieghi dell'energia termica che interessano soprattutto il teleriscaldamento cioè il riscaldamento di complessi urbani mediante adduzione del calore recuperato anche ad una certa distanza. In questi casi la soluzione impiantistica piu' prevalente è quella con turbina a derivazione e condensazione. La turbina a contropressione trova invece maggiore favore quando la potenza installata si riduce e quindi si previlegia la soluzione piu' semplice. Il suo impiego piu' frequente è in applicazioni industriali in presenza di un' utenza termica preminente rispetto alla richiesta elettrica.

Nelle installazioni di grande potenza l'impianto con turbina a gas puo' affiancare quello a vapore nella realizzazione di cicli misti o per la sua velocità di avviamento che permette un rapido incremento della produzione elettrica in presenza di repentini incrementi del fabbisogno della rete di distribuzione.

Il suo maggior campo di impiego è pero' nell'ambito della media e anche della piccola cogenerazione dove risulta concorrenziale con i motori a combustione interna fino a potenze dell'ordine del 1,5 MW. Si osservi, in tab.2.I, come il turbogas è caratterizzato da un basso rendimento di produzione elettrica mentre molto favorevole è la produzione di energia termica soprattutto quando è possibile sfruttare le opportunità legate all'alto livello termico che caratterizza tale recupero. Viceversa il motore alternativo presenta un rendimento di produzione elettrica molto elevato a cui pero' si accompagna un rapporto di generazione praticamente costante tra potenza termica e potenza elettrica. A differenza degli altri sistemi, questo non puo' essere incrementato nell'impianto cogenerativo in modo indipendente e l'unica possibilità è quindi quella di ricorrere a generatori di calore ausiliari. A parità di produzione elettrica, l'eventuale eccedenza termica va invece inevitabilmente dissipata. Occorre poi ricordare la bassa temperatura che caratterizza il calore recuperato. Tutte queste considerazioni sono della massima importanza nella scelta tra turbina a gas e motore a combustione interna nell'ambito della fascia di potenze che permette la possibile applicazione di entrambi i sistemi.

Motore primo	η_{el}	η_{ter}	η_t	T
Turbina a contropressione	0,24-0,30	0,58-0,61	0,85-0,86	2-2,5
Turbina a derivazione	0,25-0,37	0,20-0,55	0,57-0,80	0,5-2
Turbina a gas con recupero	0,30	0,45	0,75	1,4-1,6
Turbina a gas con ciclo misto	0,35	0,48	0,83	1,2-1,4
Motore alternativo	0,35-0,40	0,44-0,55	0,84-0,90	1,2-1,4

Tab. 2.I Confronto tra le prestazioni in ambito cogenerativo con diversi motori primi: sono confrontati nell'ordine il rendimento con riferimento alla sola produzione elettrica (η_{el}), con riferimento alla sola produzione termica (η_{ter}), quello energetico totale (η_t) e infine il rapporto tra potenza termica e potenza elettrica prodotta (T).

Nelle piccole realizzazioni diventa invece d'obbligo l'introduzione del motore alternativo. Questo è dovuto alla scarsa reperibilità di turbogas di potenza ridotta, ma soprattutto alla presenza di costi accessori comunque molto elevati che rendono improponibile l'uso degli impianti a turbina in questo caso.

2.6 Le nuove frontiere della cogenerazione

Due settori nell'ambito delle tecnologie cogenerative risultano particolarmente promettenti.

Il primo riguarda le turbine a gas dove soprattutto l'impiego di adeguate tecniche di rigenerazione termica e dei cicli combinati sembrano offrire un incremento notevolissimo dell'efficienza di produzione elettrica che, come abbiamo visto, è una delle maggiori penalizzazioni dei turbogas. I miglioramenti possono infatti portare ad efficienze dell'ordine del 40-45% e in prospettiva si considera già concretamente la possibilità di arrivare intorno al 60%. Ad esempio con il ciclo ISTIG si prevede, tra l'altro, un impiego di aria spillata dal compressore e adeguatamente raffreddata per refrigerare le alette delle turbine. In questo modo è possibile limitare la temperatura del metallo aumentando contemporaneamente la temperatura in ingresso alla turbina.

Il secondo settore riguarda l'impiego delle celle a combustibile. Queste sono generatori elettrochimici in grado di convertire l'energia chimica del

combustibile in energia elettrica mediante un processo isotermo attuato con un sistema elettrodi-elettrolita e con contemporaneo recupero dell'energia termica liberata dal processo.
Una cella elementare (fig. 2.14) è costituita da un anodo (elettrodo negativo), dalla soluzione elettrolitica e da un catodo (elettrodo positivo). Gli elettrodi sono normalmente in carbone poroso platinato. Il combustibile viene fatto passare a contatto sulla superficie esterna dell'anodo. Le reazioni elettrochimiche possono differire al variare del liquido utilizzato come elettrolita.
Nel caso l'elettrolita sia costituito da acido solforico, sulla superficie esterna del catodo viene fatta fluire aria ricca di ossigeno (O_2) che subisce una riduzione accettando elettroni dall' anodo e liberando ioni ossigeno. All'anodo si ha quindi una reazione chimica di ossidazione del combustibile che libera ioni idrogeno. Si ha così la formazione di anidride carbonica e vapor d'acqua. Gli ioni migrano dal catodo all'anodo attraverso l'elettrolita mentre la migrazione degli elettroni puo' avvenire attraverso il circuito di utilizzazione esterno rendendo cosi' disponibile una certa potenza elettrica.

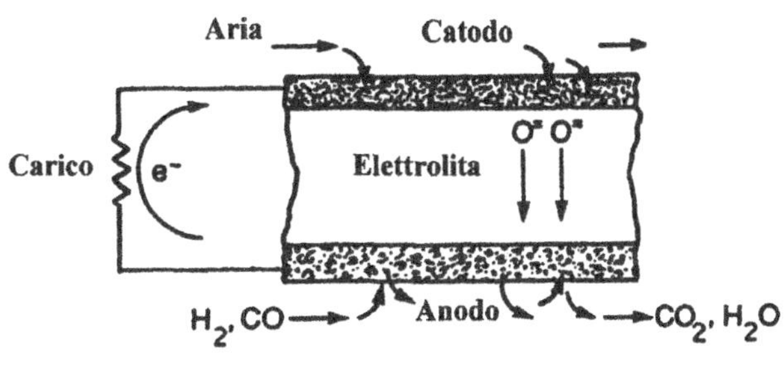

Fig. 2.14 Funzionamento di una cella elementare con acido solforico come elettrolita.

La singola cella produce una tensione tra 0,5 e 1 volt in corrente continua. Vengono allora normalmente collegate in serie fino a 1000 celle individuali per ottenere una pila assemblata in grado di dare la tensione voluta (fig.2.15).
L'efficienza di produzione elettrica è circa pari al 40-50%, con un rapporto tra produzione termica ed elettrica che si aggira intorno all'unità.

Il calore è reso disponibile dai prodotti della reazione chimica esotermica, alla temperatura di esercizio delle celle. Si hanno cosi' temperature di circa 450 K con celle che usano come soluzione elettrolita acido fosforico e gas naturale come combustibile. Temperature intorno ai 925 K si ottengono con elettroliti composti da carbonati fusi (MCFC) utilizzando vari possibili combustibili anche ottenuti dalla gasificazione del carbone. Infine con le celle con ossidi solidi come elettroliti, si possono raggiungere temperature di circa 1275 K. Si tratta pero' di una tecnologia ancora in via di sviluppo.
Il maggior vantaggio delle celle a combustibile è senz'altro rappresentato dalla ridotta emissione di inquinanti (soprattutto NO_X) data l'assenza di combustione ad alta temperatura. Si ha poi la mancanza di parti in movimento e quindi l'assenza di problemi di contenimento dell'inquinamento acustico.

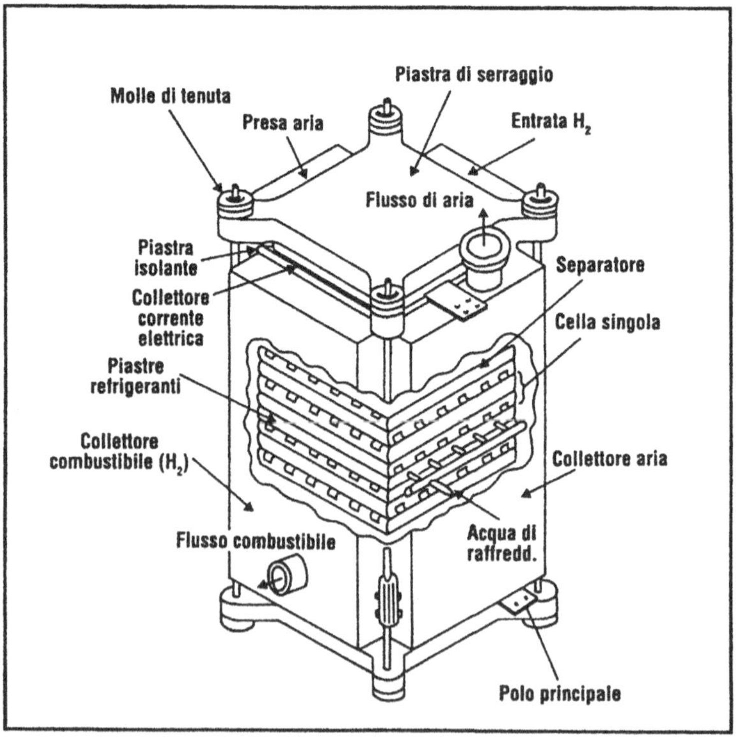

Fig. 2.15 Schema di una pila a combustibile solido.

CAPITOLO III

L'IMPIEGO ESTIVO DELL'ENERGIA TERMICA RECUPERATA

3.1 Generalità

La validità finanziaria della soluzione cogenerativa è legata alla rapidità del tempo di ritorno dell'investimento richiesto. E' quindi necessario ottimizzare le opportunità di risparmio nella gestione annuale, sfruttando il piu' possibile la potenzialità dell'impianto installato per una conveniente produzione combinata di energia elettrica ed energia termica. L'uso dell'energia termica puo' pero' trovare un limite oggettivo nelle effettive richieste dell'utenza specie in certi periodi dell'anno. E' questo senz'altro il caso di impiego del calore per il riscaldamento degli edifici dove, nel periodo estivo, il calore puo' servire direttamente per la sola produzione di acqua calda per usi sanitari. A parte alcune applicazioni molto significative, ma limitate nell'ambito ad esempio di grandi impianti sportivi e comunità quali collegi, alberghi e caserme; gran parte del calore risulta cosi' inutilizzato e quindi va dissipato riducendo i margini di convenienza dell'autoproduzione elettrica nel periodo estivo. Diversa è la situazione in presenza di impianti di climatizzazione estiva. In questo caso si ha la richiesta di energia frigorifera per il controllo di temperatura ed umidità negli ambienti. La presenza di impianti a tutta aria o misti con aria primaria e ventilconvettori comporta un impiego di calore per il postriscaldamento dell'aria trattata dalla batteria fredda prima dell'immissione in ambiente. La produzione di questo calore tramite i generatori presenti nella centrale termica dell'edificio è pratica frequente, ma poco giustificabile per il consumo energetico conseguente, spesso accentuato dalla circostanza che si impiegano per questa modesta richiesta le grosse caldaie dimensionate per il fabbisogno invernale ottenendo cosi' rese molto penalizzate. Il calore cogenerativo in eccedenza puo' in effetti essere utilizzato per questo scopo, ma occorre riconoscere che la soluzione energeticamente piu' conveniente è un'altra. Si tratta cioè di recuperare dai condensatori dei gruppi frigoriferi presenti parte del calore che deve comunque essere smaltito dalla macchina. L'entità del recupero dipende dal livello termico del calore che si vuole impiegare per alimentare le batterie di postriscaldamento e che puo' aggirarsi sui 40-45°C. Il recupero totale del calore di condensazione richiede allora una temperatura al condensatore piu' alta, intorno ai 50°C, rispetto a quelle che si ottengono normalmente con le torri evaporative o con la condensazione ad aria (30-40°C). Questa scelta comporta un calo delle prestazioni del refrigeratore ed è quindi giustificata solo quando è necessaria una grande quantità di calore. Dato che la richiesta termica del postriscaldamento estivo è piuttosto contenuta, è di norma sufficiente operare un recupero solo parziale dal condensatore e relativo al calore di desurriscaldamento del gas refrigerante in uscita dal compressore. In pratica si inserisce un secondo scambiatore in serie e a monte del condensatore in cui il calore ottenuto e caratterizzato da un livello termico piu' alto, viene ceduto riscaldando acqua alla temperatura richiesta nella batteria calda delle centrali di trattamento dell'aria. Si tratta di un recupero che non altera le condizioni di funzionamento della macchina frigorifera e che quindi non implica penalizzazioni del suo coefficiente di prestazione. Si soddisfa cosi' l'utenza termica senza incidere sui consumi energetici. Pertanto l'uso, in alternativa, del calore cogenerativo non produce, in questo caso, benefici in termini di gestione. Per estendere la convenienza all'impiego dell'impianto di cogenerazione nel periodo estivo, occorre invece trovare un utilizzo del calore prodotto che sia decisamente remunerativo anche negli edifici caratterizzati dall'assenza di una cospicua utenza calda anche in questo periodo dell'anno.

La soluzione è naturalmente quella di riuscire a ridurre i fabbisogni energetici necessari per la climatizzazione estiva cioè utilizzare il calore cogenerativo per produrre l'energia frigorifera necessaria oppure per alimentare macchine in grado di deumidificare l'aria eliminando cosi' una quota consistente del carico frigorifero dell'edificio. Nel primo caso ciò è possibile installando macchine frigorifere ad assorbimento in luogo dei piu' diffusi refrigeratori elettrici. Considerando le forme di energia simultaneamente fornite all'utente si puo' parlare allora di cogenerazione fredda.

La deumidificazione dell'aria trattata dall'impianto di climatizzazione mediante processi alimentati con il calore recuperato è invece possibile con i sistemi essiccanti.

Vediamo ora in dettaglio le opportunità applicative, nell'ambito della cogenerazione, offerte da queste due possibili scelte impiantistiche.

3.2 Le macchine ad assorbimento

La produzione del freddo può essere ottenuta mediante una tecnologia alternativa all'impiego dei piu' diffusi cicli frigoriferi a compressione di vapore. Invece di comprimere il vapore ottenuto con il prelievo di calore dall'esterno a bassa temperatura mediante la somministrazione di energia meccanica si puo' pensare infatti di sfruttare le capacità assorbenti di opportune miscele liquide. E' il principio su cui si basano le macchine frigorifere ad assorbimento. Si considerino due recipienti collegati fra loro (fig. 3.1).

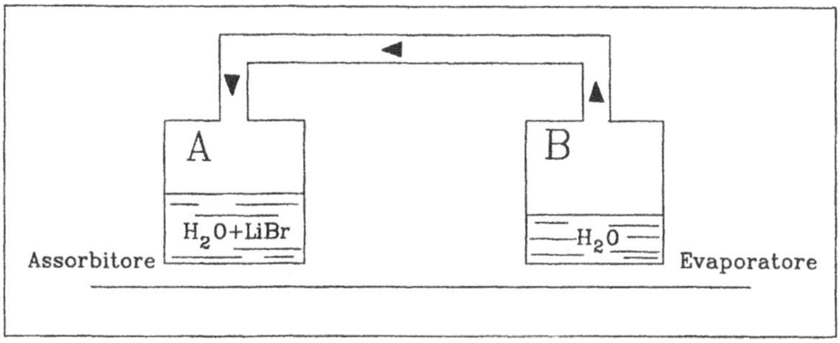

Fig. 3.1 Assorbimento di vapor d'acqua da parte di una soluzione.

In uno di questi (recipiente A) sia presente una miscela liquida, ad esempio acqua e bromuro di litio (LiBr). Il bromuro di litio è un sale igroscopico caratterizzato cioè da una grande avidità di acqua. Nell'altro recipiente (recipiente B) sia presente solo acqua. Mantenendo una pressione ridotta nel sistema, l'acqua in B è in grado di evaporare a bassa temperatura, per esempio 5°C. Tale temperatura puo' essere mantenuta prelevando dall'esterno il calore necessario per l'evaporazione. Il recipiente B si comporta cosi' come l'evaporatore di una macchina frigorifera. Il vapore d'acqua prodotto che raggiunge il recipiente A viene assorbito dalla miscela liquida. Infatti la pressione parziale del vapore in equilibrio con il liquido puro risulta superiore alla stessa pressione in equilibrio con la miscela. Si ha cosi' l'assorbimento del vapore anche se la temperatura dell'evaporatore è piu' bassa di quella della miscela. Si tratta pero' di una reazione esotermica, si deve allora cedere all'esterno questo calore altrimenti l'aumento di

temperatura della miscela comporterebbe un successivo incremento della relativa pressione parziale del vapore in equilibrio con la miscela con la riduzione e infine l'arresto dell'assorbimento.
La macchina frigorifera cosi' realizzata non puo' ancora operare indefinitamente. Infatti la miscela nell'assorbitore (recipiente A) riduce la sua capacità di assorbire al crescere del suo contenuto di acqua. Occorre quindi rigenerare la miscela asportando l'acqua aggiunta e ripristinando cosi' l'originale concentrazione. Si arriva cosi' alla macchina frigorifera ad assorbimento reale schematizzata in fig. 3.2.

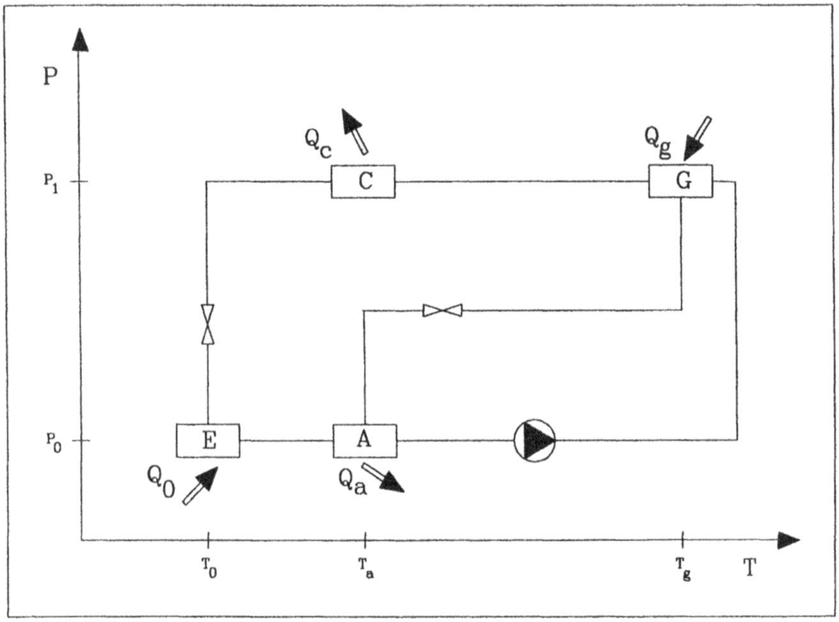

Fig. 3.2 Schema a blocchi di una macchina ad assorbimento.

La soluzione liquida ricca d'acqua viene inviata, mediante una pompa, nel generatore che è caratterizzato da una pressione superiore a quella esistente nella zona assorbitore-evaporatore. Qui, riscaldando ad una temperatura sufficientemente elevata, si separa il vapore d'acqua dalla miscela. Questa, cosi' impoverita d'acqua, puo' allora tornare all'assorbitore attraverso una valvola di laminazione. Il vapore d'acqua passa invece al condensatore cedendo il calore di condensazione all'esterno. Ancora una volta si puo' notare la caratteristica peculiare delle miscele. Il condensatore e il generatore

sono caratterizzate dalla stessa pressione, ma a parità di pressione la sostanza pura presenta una temperatura di saturazione decisamente inferiore a quella della soluzione. Lo smaltimento del calore nel condensatore è caratterizzato quindi da un livello termico inferiore a quello del generatore.
Il ciclo si chiude con l'espansione dell'acqua condensata, mediante laminazione, fino alla pressione dell'evaporatore che viene cosi' continuamente alimentato.
Accanto alla coppia acqua-bromuro di litio, molto usata nelle macchine ad assorbimento commerciali è la coppia acqua-ammoniaca. In questo caso l'acqua funge da solvente e l'ammoniaca da soluto. Entrambe le miscele presentano vantaggi e svantaggi e in effetti nonostante continui studi e ricerche non si è ancora trovata una coppia di fluidi in grado di soddisfare pienamente tutti i requisiti che sarebbero richiesti per un funzionamento ottimale della macchina ad assorbimento. Nel caso dell'acqua-bromuro di litio esiste l'impossibilità di scendere all'evaporatore a temperature prossime allo zero per evitare la formazione di ghiaccio e quindi il blocco del funzionamento. Inoltre il bromuro di litio è sensibile ai forti sbalzi di temperatura e tende a cristallizzare separandosi cosi' dalla soluzione che perde la sua capacità assorbente. E' questo il motivo per cui la macchina non viene allora generalmente raffreddata con aria esterna, ma si preferisce ricorrere ad acqua di pozzo o altra fonte disponibile oppure all'impiego di una torre evaporativa per lo smaltimento del calore.
Con la coppia acqua-ammoniaca dato che si usa l'ammoniaca come refrigerante si ha viceversa il problema delle pressioni troppo elevate al condensatore (oltre i 10 ata). L'ammoniaca è tossica e corrosiva nei riguardi dei metalli eccetto l'acciaio. Nella progettazione del generatore occorre poi prevedere opportuni accorgimenti se si vuole mantenere un'elevata purezza del vapore di ammoniaca generato dato che il solvente acqua è anch'esso volatile. La soluzione è normalmente quella di rettificare il vapore mediante raffreddamento in un successivo dispositivo detto deflemmatore che elimina cosi' gran parte dell'acqua presente che è comunque piu' facilmente condensabile dell'ammoniaca.
Definiamo allora un coefficiente di effetto utile in grado di esprimere l'efficienza della macchina e quindi il rapporto tra l'effetto voluto e l'energia spesa. Evidentemente il termine sarà diverso a seconda che la stessa macchina sia utilizzata per produrre freddo o per riscaldare. Questo coefficiente di effetto utile puo' essere dato in funzione delle quantità di calore Q scambiate con l'esterno nei componenti fondamentali come indicato in fig. 3.2 e riferite all' unità di massa di soluto evaporato al

generatore. A rigore si deve poi considerare anche il lavoro Lp speso dalla pompa delle soluzioni. Essendo pero' questo termine molto piccolo rispetto agli altri flussi di energia in gioco puo' essere in prima istanza trascurato. Si ha quindi:

Refrigeratore: $$\varepsilon = \frac{Q_0}{Qg + Lp} \approx \frac{Q_0}{Qg} \tag{3.1}$$

Pompa di calore: $$'OP = \frac{Qa + Qc}{Qg + Lp} \approx \frac{Qa + Qc}{Qg} \tag{3.2}$$

In entrambi i casi le prestazioni della macchina sono influenzati dai livelli di temperatura presenti nei vari componenti e indicati in fig.3.2. Si consideri ad esempio il comportamento in refrigerazione supponendo di trascurare per semplicità le irreversibilità del sistema e il lavoro di pompaggio.
Applicando il primo principio della termodinamica risulta:

$$Q_0 + Qg = Qa + Qc \tag{3.3}$$

Applicando il secondo principio della termodinamica:

$$\frac{Q_0}{T_0} + \frac{Qg}{Tg} = \frac{Qa}{Ta} + \frac{Qc}{Tc} \tag{3.4}$$

Normalmente per raffreddare l'assorbitore e il condensatore si utilizza lo stesso fluido disponibile possiamo considerare quindi $Ta = Tc$. Risulta pertanto:

$$\frac{Q_0}{T_0} + \frac{Qg}{Tg} = \frac{Qa + Qc}{Ta} = \frac{Q_0 + Qg}{Ta} \tag{3.5}$$

Il coefficiente di effetto utile ideale ε' puo' essere allora calcolato come:

$$\varepsilon' = \frac{Q_0}{Qg} = \frac{\dfrac{1}{Ta} - \dfrac{1}{Tg}}{\dfrac{1}{T_0} - \dfrac{1}{Ta}} \tag{3.6}$$

Al crescere della temperatura al generatore il coefficiente di effetto utile aumenta: al tendere all'infinito di Tg il coefficiente ε' raggiunge il valore massimo pari a quello di un ciclo di Carnot inverso che lavora tra le temperatura T_0 e Ta. A parità di Tg poi, come in tutti i cicli frigoriferi, ε' migliora all'aumentare di T_0 e al diminuire di Ta.

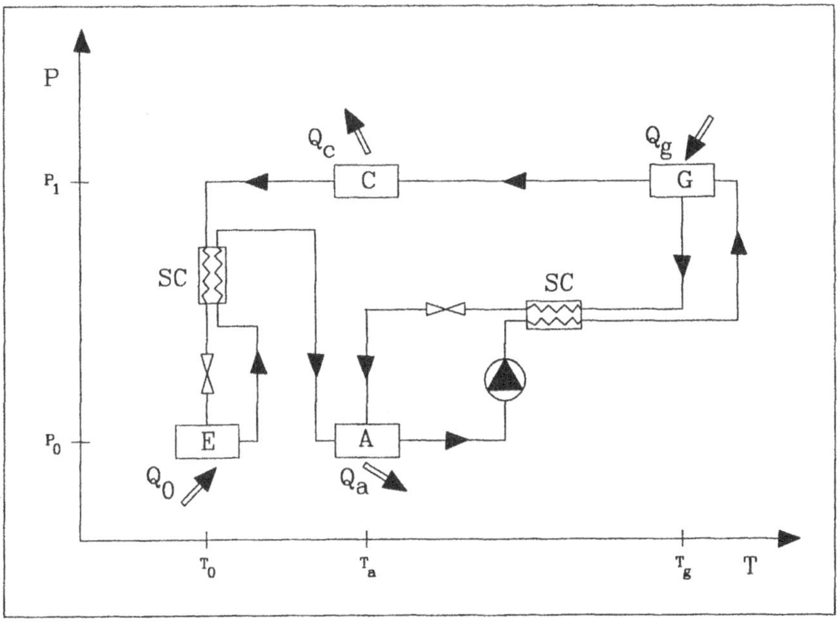

Fig. 3.3 Schema a blocchi di una macchina ad assorbimento dotata di scambiatori rigenerativi

Per l'impiego di questa macchina per la produzione dí calore è fondamentale il confronto con la pompa di calore a compressione di vapore e con la caldaia tradizionale. Nel caso piu' frequente il compressore è azionato da un motore elettrico occorre quindi utilizzare il rapporto di energia primaria (REP) cioe' riferirsi al rapporto tra l'energia termica ottenuta e l'energia spesa con riferimento al combustibile fossile di partenza impiegato per produrla. Nel caso dell'energia elettrica, in Italia, la società elettrica dichiara un rapporto medio di trasformazione totale, cioè a partire dalla centrale termoelettrica fino all'utente finale e che tiene quindi conto dell'efficienza di produzione e di quella di trasporto nella rete elettrica, pari a circa un terzo (0,36). Occorrono quindi circa tre unità di energia termica per produrre un'unità di energia elettrica. Ne consegue che per le pompe di calore elettriche il REP puo' essere espresso in funzione del relativo COP nel modo seguente:

$$REP = \frac{Q_c}{\frac{Qel}{0,36}} = COP \cdot 0,36 \qquad (3.7)$$

Il rendimento termico delle caldaie tradizionali e il COP delle macchine ad assorbimento (trascurando il lavoro di pompaggio e considerando anche l'efficienza della produzione del calore fornito al generatore) coincidono già con il REP. Una pompa di calore elettrica deve quindi avere un COP pari almeno a 2,5 per avere la stessa efficienza energetica di una caldaia con un rendimento termico pari a 0,9.

Per aumentare le prestazioni della macchina ad assorbimento si possono introdurre due scambiatori rigenerativi e precisamente il sottoraffreddatore del condensato tra condensatore ed evaporatore e lo scambiatore delle soluzioni tra assorbitore e generatore (fig. 3.3).

Il vantaggio del sottoraffreddatore è legato all'aumento dell'effetto frigorifero, cioe' della capacità di assorbire calore dall'esterno per unità di massa di refrigerante, indotto proprio dal sottoraffreddamento del condensato a monte della valvola di laminazione. Infatti, come si può vedere ad esempio in fig. 3.4 nel diagramma p, h dell'ammoniaca, questo permette di ridurre il titolo del vapore a valle della laminazione e quindi di incrementare il salto entalpico richiesto per una completa evaporazione.

Con lo scambiatore delle soluzioni una certa quantità di calore viene ceduta dalla miscela povera proveniente dal generatore alla soluzione ricca che viene dall'assorbitore. Questo comporta un preriscaldamento all'ingresso del generatore e quindi una riduzione della richiesta termica della macchina cui si accompagna pero' una pari riduzione del calore che puo' essere ottenuto dall'assorbitore dato che la soluzione povera entrante è stata preraffreddata. Il vantaggio è quindi evidente nell'impiego frigorifero della macchina, è piu' difficile invece da comprendere nel funzionamento come pompa di calore.

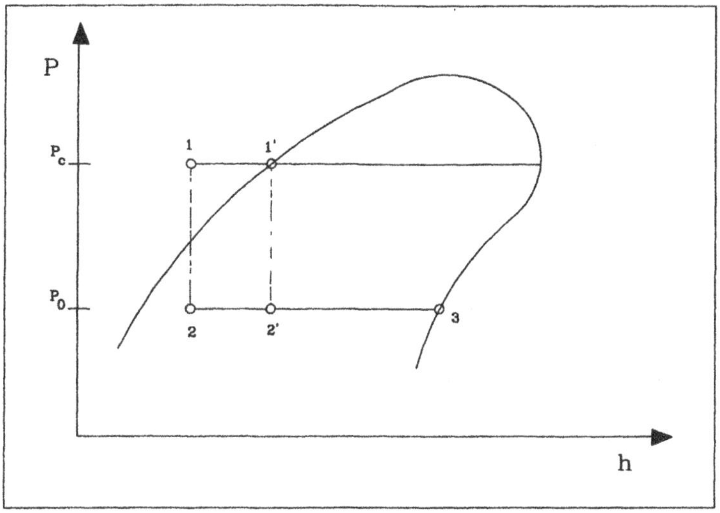

Fig. 3.4 Aumento dell'effetto frigorifero per il sotttoraffreddamento da 1' a 1 del condensato nello scambiatore rigenerativo.

Si osservi allora che l'eliminazione di una pari quantità al numeratore e al denominatore dell'espressione 3.2 comporta un aumento del COP. Per fissare le idee si supponga di avere una pompa di calore ad assorbimento in grado di dare 3 unità termiche utili richiedendone 2 al generatore e quindi con un COP pari a 1,5 (COP=3/2). Si introduca allora uno scambiatore delle soluzioni in grado di scambiare un'unità termica: si ha quindi una pari riduzione al numeratore e al denominatore e il COP risulta aumentare a 2 (COP=2/1). In altri termini lo scambiatore delle soluzioni permette di eliminare un flusso termico scambiato con l'esterno sia all'assorbitore che al generatore che non dà alcun beneficio, ma comporta solo un aumento della potenza e quindi del costo della macchina.
Per stimare le prestazioni raggiungibili da una macchina ad assorbimento si puo' fare riferimento ad un'analisi semplificata dei flussi entalpici in gioco. Si introduce cosi' un'entalpia di evaporazione Δhe pari al salto entalpico che devo fornire all'unità di massa all'evaporatore per il cambiamento di fase. In prima istanza, considerando salti di temperatura e pressione limitati tra i vari componenti della macchina, tale entalpia di evaporazione puo' approssimare anche il calore di vaporizzazione che devo smaltire al condensatore per unità

di massa. Indichiamo invece come entalpia di diluzione Δhd la quantità di calore che devo fornire per separare l'unità di massa di soluto dal solvente. Nel generatore per produrre l'unità di massa di vapore di refrigerante devo quindi complessivamente fornire le entalpie di diluzione e di evaporazione. Viceversa una quantità di energia circa uguale deve essere sottratta all'assorbitore.
Posso quindi esprimere le rese teoriche della macchina ad assorbimento nel modo seguente:

$$\varepsilon_1' = \frac{Qe}{Qg} = \frac{\Delta he}{\Delta he + \Delta hd} = \frac{1}{1 + \dfrac{\Delta hd}{\Delta he}} \qquad (3.8)$$

$$COP_1' = \frac{Qa + Qc}{Qg} = \frac{(\Delta he + \Delta hd) + \Delta he}{\Delta he + \Delta hd} = \frac{2\Delta he + \Delta hd}{\Delta he + \Delta hd} = \frac{2 + \dfrac{\Delta hd}{\Delta he}}{1 + \dfrac{\Delta hd}{\Delta he}} \qquad (3.9)$$

In fig. 3.5 si riportano gli andamenti di COP_1' ed ε_1' in funzione del rapporto $\Delta hd / \Delta he$.
Si osservi come sia il COP_1' che ε_1' siano crescenti al dimininuire del rapporto $\Delta hd / \Delta he$ e sarebbe addirittura conveniente che assumesse valori negativi. Le caratteristiche dei fluidi influenzano quindi il modo determinante l'efficienza della macchina. Dato pero' che, con le coppie di fluidi attualmente in uso, tale rapporto puo' al piu' tendere a zero, ne consegue che il COP non puo' superare il valore massimo di 2 e ε_1' il valore unitario.
L'ottimo comportamento della pompa di calore contrasta con la resa frigorifera che risulta infatti normalmente inferiore alla resa dei gruppi a compressore di vapore normalmente utilizzati nel condizionamento dell'aria.
Per migliorare le prestazioni della macchina ad assorbimento è possibile pensare a cicli operanti su piu' stadi di generazione.
Si osservi in fig. 3.6 lo schema di una macchina a due stadi caratterizzata cioé da due generatori a pressione diversa. Il refrigerante evaporato nel generatore di alta pressione (a.p.) condensa nel condensatore di alta pressione, fornendo il calore necessario per l'evaporazione di ulteriore soluto dalla soluzione liquida nel generatore di bassa pressione (b.p.).

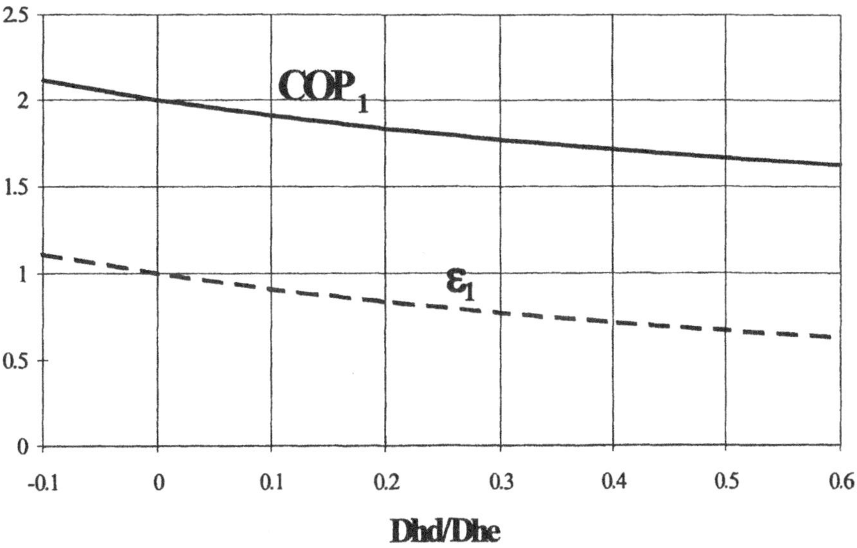

Fig. 3.5 COP_1' e ε_1' del ciclo monostadio al variare di $\Delta hd/\Delta he$.

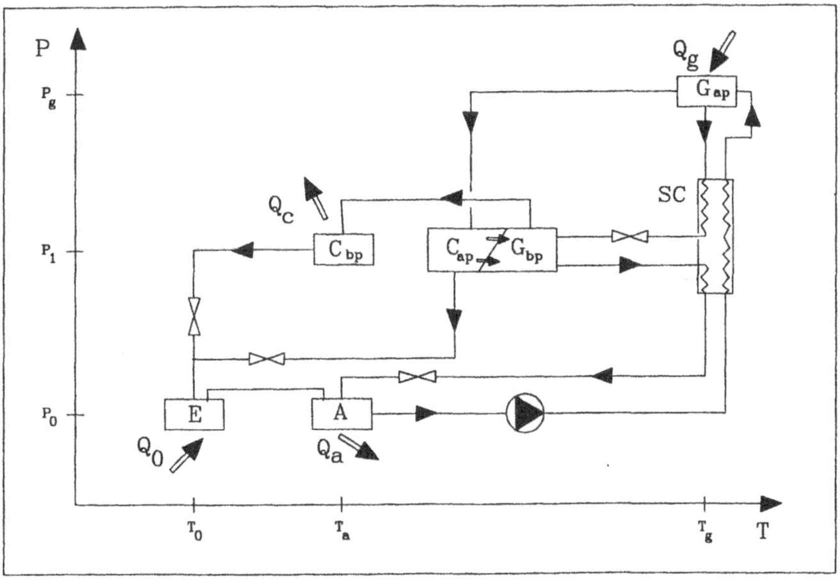

Fig. 3.6 Schema a blocchi di una macchina ad assorbimento bistadio.

Con riferimento all'unità di massa evaporata nel generatore a.p. e assumendo ancora un valore costante per le entalpie di diluzione ed evaporazione nei vari componenti l'impianto, un semplice bilancio di massa al generatore b.p. fornisce la massa qui evaporata $m_{b.p.}$.

$$m_{b.p.} = \frac{\Delta he}{\Delta he + \Delta hd}$$

Tutto il condensato viene inviato all'evaporatore e successivamente all'assorbitore risulta quindi pari a :

$$m_e = \frac{\Delta he}{\Delta he + \Delta hd} + 1$$

Posso quindi esprimere ancora il COP'$_2$ ed ε'_2 del ciclo bistadio, teorici data l'analisi semplificata, come:

$$\varepsilon'_2 = \frac{Qe}{Qg} = \frac{\left(\frac{\Delta he}{\Delta he + \Delta hd} + 1\right) \cdot \Delta he}{\Delta he + \Delta hd} = \frac{2\Delta he^2 + \Delta he \cdot \Delta hd}{(\Delta he + \Delta hd)^2}$$

$$COP'_2 = \frac{Qa + Qc}{Qg} = \frac{\left(\frac{\Delta he}{\Delta he + \Delta hd} + 1\right) \cdot (\Delta he + \Delta hd) + \frac{\Delta he}{\Delta he + \Delta hd} \cdot \Delta he}{\Delta he + \Delta hd}$$

e quindi:

$$COP'_2 = \frac{\Delta he^2 + (2\Delta he + \Delta hd) \cdot (\Delta he + \Delta hd)}{(\Delta he + \Delta hd)^2}$$

Ricordando le equazioni 3.8 e 3.9 è possibile esprimere ε'_2 e COP'$_2$ in funzione di ε'_1 e COP'$_1$

$$\varepsilon'_2 = \frac{Qe}{Qg} = \frac{(\varepsilon'_1 + 1)}{1 + \frac{\Delta hd}{\Delta he}} = (\varepsilon'_1 + 1) \cdot \varepsilon'_1 \qquad (3.10)$$

e quindi:

$$COP'_2 = COP'^2_1 + (COP'_1 - 1)^2 \qquad (3.11)$$

In fig. 3.7 sono riportate le curve di ε'_2 e COP'$_2$ in funzione del rapporto $\Delta hd / \Delta he$.

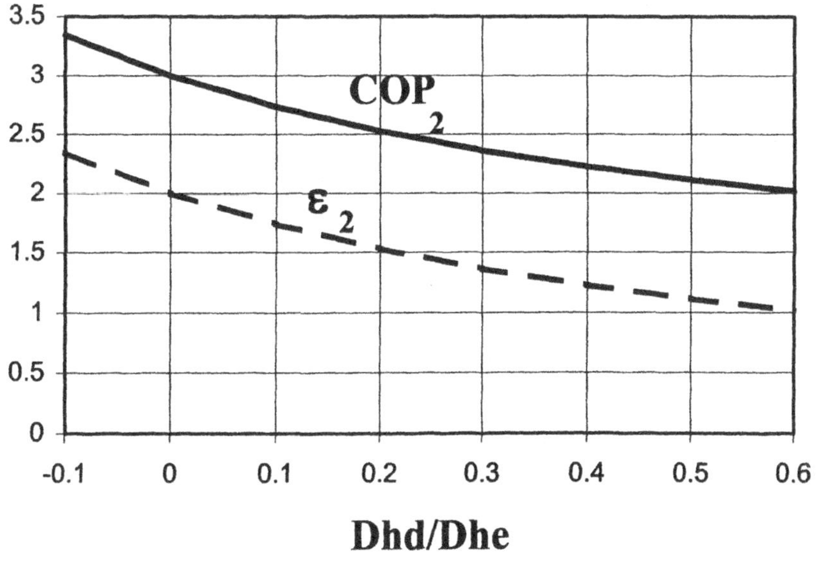

Fig. 3.7 COP$_2$' e ε_2' del ciclo bistadio al variare di $\Delta hd / \Delta he$.

Le prestazioni del ciclo bistadio migliorano ancora una volta al calare di tale rapporto. Per $\Delta hd / \Delta he$ uguale a zero si ha il valore massimo pari rispettivamente a 2 per ε'_2 e a 3 per COP'$_2$.

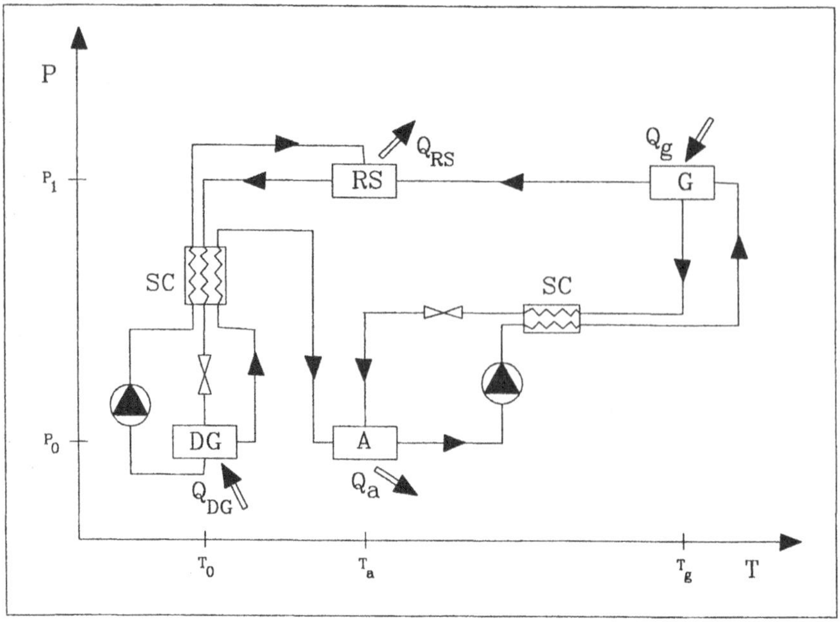

Fig. 3.8 Schema a blocchi di una macchina a riassorbimento monostadio.

Si è già accennato alla circostanza che con la coppia ammoniaca-acqua al crescere della temperatura al condensatore si ha un forte incremento della pressione. Questo rappresenta un limite nel funzionamento della macchina come pompa di calore. Il livello di temperatura del calore fornito all'utenza non puo' infatti essere elevato: già con una temperatura di condensazione di 45°C, la relativa pressione si aggira intorno ai 18 bar. Per temperature superiori i costi per la realizzazione di componenti atti ad operare a pressioni cosi' elevate possono diventare inaccettabili. A questo si aggiunge poi un forte calo delle prestazioni.

Per aggirare questo problema si puo' pensare di sfruttare ancora una volta il comportamento delle miscele: a parità di temperatura la miscela si trova ad un pressione inferiore a quella del soluto. Per aumentare la temperatura di utilizzo contenendo contemporaneamente l'incremento di pressione, si realizzano allora i cicli a riassorbimento, in cui si prevede la presenza di soluzione anche al condensatore ed evaporatore che assumono così il nome rispettivamente di riassorbitore e degasatore. Si osservi in fig. 3.8 lo schema a blocchi di una pompa di calore a riassorbimento. La macchina a questo

punto opera sfruttando le diverse concentrazioni esistenti nei vari componenti.
Si tratta naturalmente di realizzazioni più complesse e quindi costose che per tale motivo stentano a trovare un impiego commerciale.

3.3 I trasformatori di calore

La concreta impossibilità di utilizzare il calore disponibile nasce spesso dal suo basso livello termico. Specie in campo industriale si presenta cosi' il problema di smaltire forti quantità di calore a bassa temperatura con tutte le relative implicazioni ambientali ed economiche avendo contemporaneamente l'esigenza di produrre energia termica ad una temperatura magari di poco superiore per soddisfare le esigenze dell'utenza.
In questo caso possono trovare una vantaggiosa applicazione macchine ad assorbimento dette trasformatori di calore.

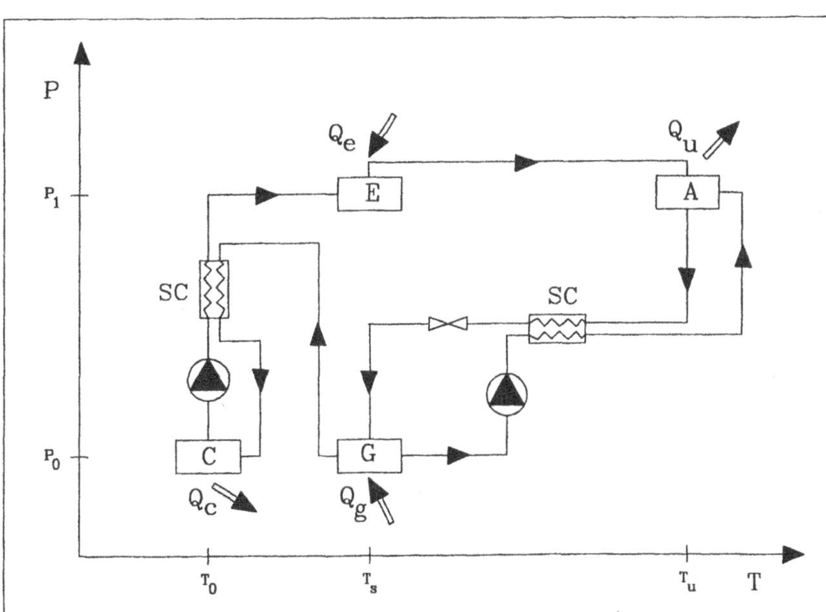

Fig. 3.9 Schema a blocchi di un trasformatore di calore.

Questi trasformatori di calore permettono appunto di elevare il livello termico di una parte del calore disponibile. Naturalmente, in base al secondo principio della termodinamica, solo una parte del calore fornito puo' essere portato ad una temperatura superiore mentre il resto verrà ceduto ad un livello termico inferiore e quindi normalmente perduto. La realizzazione pratica di questo ciclo sfrutta ancora una volta la caratteristica fondamentale delle soluzioni cioè che appunto, a parità di pressione, la soluzione presenta una temperatura superiore a quella del soluto.
In fig. 3.9 si riporta lo schema a blocchi di un trasformatore di calore rappresentato sul diagramma T, p, in questo caso assorbitore ed evaporatore operano alla pressione piu'elevata.
Il calore viene fornito all'evaporatore e al generatore dalla sorgente disponibile alla temperatura intermedia Ts. Proprio la differenza di temperatura esistente tra evaporatore ed assorbitore caratterizzati dalla stessa pressione permette di ottenere l'effetto voluto. Per chiudere il ciclo è però necessaria la condensazione del vapore di soluto e quindi la cessione di calore a bassa temperatura nel condensatore.
Il COP della macchina puo' essere scritto ancora una volta trascurando il lavoro delle pompe e usando le energie riferite all'unità di massa evaporata:

$$COP = \frac{Qu}{Qe + Qg + Lp} \approx \frac{Qu}{Qe + Qg} \tag{3.12}$$

Ricorrendo all'analisi semplificata basata sulle entalpie di diluzione e di evaporazione:

$$COP' = \frac{\Delta he + \Delta hd}{\Delta he + (\Delta he + \Delta hd)} = \frac{1 + \frac{\Delta hd}{\Delta he}}{2 + \frac{\Delta hd}{\Delta he}} \tag{3.13}$$

In fig. 3.10 si riporta l'andamento del COP' in funzione del rapporto $\Delta hd / \Delta he$.

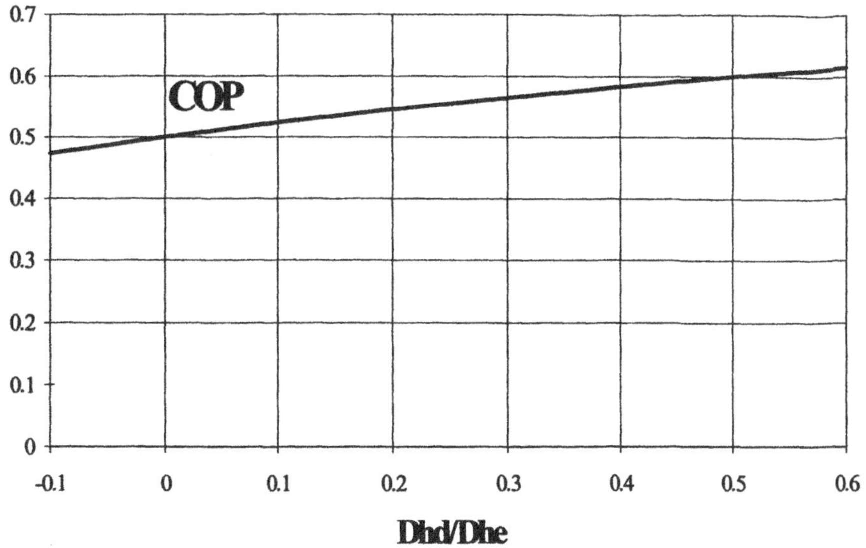

Fig. 3.10 COP' del trasformatore di calore al variare del rapporto $\Delta hd / \Delta he$.

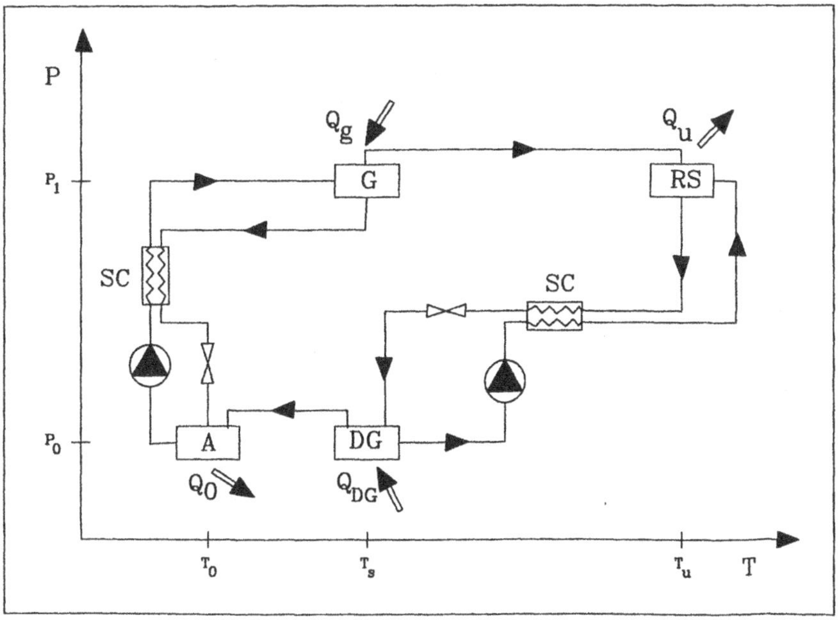

Fig. 3.11 Schema a blocchi di un trasformatore di calore a riassorbimento.

Si osservi che con i fluidi attualmente in uso il COP' si aggira intorno allo 0,5, circa la metà del calore disponibile puo' quindi essere recuperato ad un livello di temperatura maggiore.
Nei cicli reali ben difficilmente pero' si riesce ad ottenere un salto termico superiore a 30°C. Per incrementare tale valore si puo' passare ai cicli multistadio. Normalmente non oltre il bistadio per la maggiore complessità del ciclo. Inoltre, a differenza delle precedenti macchine ad assorbimento, in questo caso il COP cala rispetto al corrispondente monostadio. Per fissare le idee, con un ciclo bistadio che operi con una temperatura minima di 15°C, si puo' alzare circa un terzo del calore fornito da 80°C a 180°C oppure da 70°C a 150°C. Si tratta di temperature finali decisamente interessanti anche per applicazioni industriali.

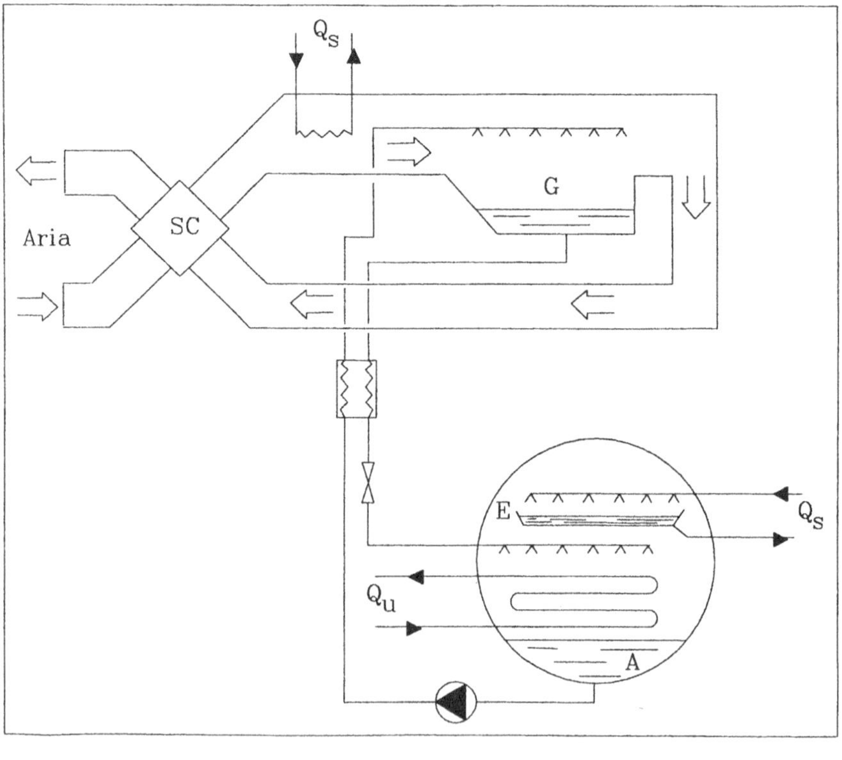

Fig. 3.12 Schema funzionale di un trasformatore di calore a ciclo aperto.

Anche in questo caso è possibile pensare alla realizzazione di cicli a riassorbimento per ridurre le pressioni all'interno della macchina. In fig. 3.11 è riportato lo schema a blocchi di un trasformatore di calore monostadio a riassorbimento.
Interessante è anche la semplificazione proposta nel caso che l'effluente caldo disponibile sia acqua. E' allora possibile pensare alla realizzazione di un ciclo aperto che utilizza l'aria esterna per l'eliminazione del vapor d'acqua in alternativa al condensatore. In fig. 3.12 è riportato lo schema a blocchi del ciclo. L'effluente caldo viene fatto evaporare direttamente nel recipiente di bassa pressione dove viene successivamente assorbito dalla miscela povera opportunamente nebulizzata con l'asportazione del calore utile Qu. La soluzione ricca d'acqua viene pompata nel recipiente che si trova a pressione atmosferica e spruzzata su un flusso di aria esterna preventivamente riscaldata mediante uno scambio recuperativo e un successivo impiego del calore disponibile. La soluzione, impoverendosi di acqua, viene cosi' rigenerata e puo' tornare all'assorbitore, mentre l'aria umida viene espulsa.

3.4 Confronto tra macchine ad assorbimento e a compressione di vapore

Le prestazioni delle macchine ad assorbimento commerciali risultano notevolmente inferiori a quelle limite considerate nei cicli ideali per effetto delle irreversibilità presenti. E' quindi importante preoccuparsi di ottenere livelli termici opportuni nei vari componenti della macchina. Si è già infatti osservato come le rese crescono incrementando le temperature operative al generatore e all'evaporatore e riducendo i livelli termici al condensatore e all'assorbitore.
Un confronto con le corrispondenti macchine a compressione di vapore deve quindi riferirsi alle stesse condizioni di temperatura al condensatore e all'evaporatore.
Vediamo anzitutto il caso della macchina frigorifera considerando un refrigeratore a compressione di vapore ad azionamento elettrico che operi con un tipico coefficiente di effetto utile pari ad esempio a 3,5. Avremo allora che per produrre un'unità di energia frigorifera sarà necessario fornire 0,79 unità di energia primaria:

$$Q_0 = 1 \rightarrow \text{consumo energia primaria} = \frac{1}{3,5 \cdot 0,36} = 0,79$$

Per ottenere la stessa prestazione una macchina ad assorbimento dovrebbe avere un coefficiente di effetto utile pari almeno a 1,27:

$$Q_0 = 1 \rightarrow \varepsilon \approx REP = \frac{1}{0,79} = 1,27$$

Si tratta di un ε molto elevato e non ottenibile con macchine monostadio. Utilizzate come refrigeratori, le macchine ad assorbimento presentano quindi una prestazione energetica normalmente inferiore a quella dei corrispondenti cicli a compressione di vapore.
Vediamo ora il comportamento nell'impiego come pompe di calore. Consideriamo una pompa di calore ad azionamento elettrico che operi con livelli termici ad evaporatore e condensatore tali da permettere un COP pari a 3,2. Risulta allora:

$$REP = COP \cdot 0,36 = 1,15$$

La quantità di calore fornita dall'evaporatore per unità di energia elettrica spesa è:

$$COP = \frac{Qc}{Qel} = \frac{Q_0 + Qel}{Qel} = \frac{2,2+1}{1} = 3,2 \rightarrow Q_0 = 2,2$$

Considerando ora una macchina ad assorbimento che operi con gli stessi livelli termici all' evaporatore e condensatore, un REP pari a 1,15 risulta agevolmente conseguibile. Si osservi pero' che anche a parità di prestazioni, il comportamento della pompa di calore ad assorbimento risulta migliore. Infatti in questo caso, a parità di calore ottenuto dalla macchina (pari a 3,2 unità) il calore Q_0 per unità di energia fornita richiesto all'evaporatore risulta:

$$REP = 1,15 \approx COP = \frac{Qc + Qa}{Qg} = \frac{Q_0 + Qg}{Qg} = \frac{0,42 + 2,78}{2,78} \rightarrow Q_0 = 0,42$$

Il confronto con il ciclo a compressione di vapore fornisce una differenza percentuale pari a:

$$\frac{0,42-2,2}{2,2}\cdot 100=-81\%$$

La drastica riduzione della richiesta termica all'evaporatore risulta di grande importanza. Abbiamo infatti ormai piu' volte ricordato come le rese delle macchine migliorano al diminuire del livello termico al condensatore e al crescere di quello dell'evaporatore. Per quanto riguarda il condensatore la temperatura è connessa al livello termico richiesto dall'utenza. Nel caso del riscaldamento di edifici si puo' quindi operare preferendo l'installazione di sistemi di distribuzione terminale del calore operanti a bassa temperatura. Si ha cosi' l'impiego dei pannelli radianti oppure di sistemi ad aria ad esempio mobiletti ventilconvettori.
Fondamentale è poi l'individuazione di una sorgente termica in grado di garantire una temperatura sufficientemente elevata all'evaporatore. L'utilizzo di calore da scarichi civili o industriali di effluenti a temperature non piu' vantaggiose per un recupero diretto mediante semplici scambiatori, ma ancora interessanti per la pompa di calore trovano a volte un limite nella loro modesta entità. Anche l'impiego di energie rinnovabili, quali l'energia solare, puo' trovare ostacoli di natura economica, ad esempio legati all'eccessiva superficie di captazione solare richiesta. In queste condizioni risulta quindi decisivo utilizzare una pompa di calore che a parità di prestazioni, richieda un minor contributo alla sorgente termica.
Dalle considerazioni fin qui svolte si deve quindi concludere la superiorità della macchina ad assorbimento rispetto a quella a compressione di vapore ad azionamento elettrico nel caso di impiego come pompa di calore piuttosto che come refrigeratore.
A dispetto di queste considerazioni, la diffusione delle macchine ad assorbimento, decisamente crescente anche nel nostro paese in questi ultimi anni, vede un loro impiego essenzialmente negli impianti di climatizzazione estiva. Vengono infatti installate, tipicamente per un loro uso nei periodi estivi, allo scopo di utilizzare calore in esubero che altrimenti dovrebbe venire smaltito. Da parte di alcune società erogatrici del gas vengono inoltre proposti incentivi di natura economica quali riduzioni delle tariffe e contributi per l'acquisto delle macchine, per promuovere l'impiego del gas metano anche per la climatizzazione estiva. Altre volte il loro impiego viene

visto semplicemente in alternativa ai gruppi frigoriferi a compressione di vapore semplicemente per la silenziosità e la staticità che caratterizza le macchine ad assorbimento. E' stato questo uno dei motivi per cui il luogo di applicazione più corrente di queste macchine negli anni 50-60 era l'ospedale. Qui infatti si poteva usare per la loro alimentazione, il vapore che era comunque prodotto, perchè necessario ad esempio per la sterilizzazione e gli usi di lavanderia. La successiva lievitazione dei prezzi dei combustibili conseguente alla crisi energetica degli anni 70 e l'aumento dei costi per la gestione e la manutenzione di grossi generatori di vapore ha successivamente portato alla tendenza a limitare l'impiego del vapore agli usi strettamente necessari e ad un maggior impiego di refrigeratori azionati da motori elettrici data la loro maggiore resa. Recentemente si assiste invece ad una inversione di tendenza proprio per i motivi che vedremo.

Si trovano anche commercializzate macchine a fiamma diretta, cioè alimentate da un bruciatore incorporato, in cui si prevede di far operare la macchina ad assorbimento anche nel periodo invernale, ma come una semplice caldaia, rinunciando cosi' a priori a sfruttare l'opportunità offerta dall'impiego del ciclo.

Occorre dire che l'impiego della macchina come pompa di calore comporta quasi necessariamente l'esclusione della coppia acqua-bromuro di litio per possibili problemi all'evaporatore legati alla scelta della sorgente fredda. Pochi sono comunque i prodotti attualmente presenti nel mercato previsti per operare anche come pompe di calore nel periodo invernale. Si tratta per lo piu' di macchine acqua-ammoniaca. Il monitoraggio di alcune di esse ha evidenziato la necessità che non siano semplicemente refrigeratori successivamente adattati al funzionamento invernale come pompe di calore. Per ottenere prestazioni elevate occorrono invece macchine progettate in vista del loro funzionamento reversibile come d'altronde avviene anche per le pompe di calore elettriche.

Lo sviluppo di queste macchine è pero' naturalmente legato alla richiesta dell'utenza. E' cioè necessario creare la consapevolezza della possibilità di incrementare in modo agevole e conveniente il calore già disponibile proprio utilizzando la macchina ad assorbimento, anche nel periodo invernale, come pompa di calore. Si avrebbe cosi' inoltre un maggior impiego degli assorbitori nell'arco dell'anno con un conseguente piu' rapido ritorno dei relativi investimenti iniziali.

3.5 Macchine ad assorbimento e cogenerazione

Le modalità di impiego delle macchine ad assorbimento per sfruttare il calore prodotto nel processo cogenerativo è legato al livello termico di quest'ultimo e quindi in ultima analisi al tipo di impianto di cogenerazione utilizzato.

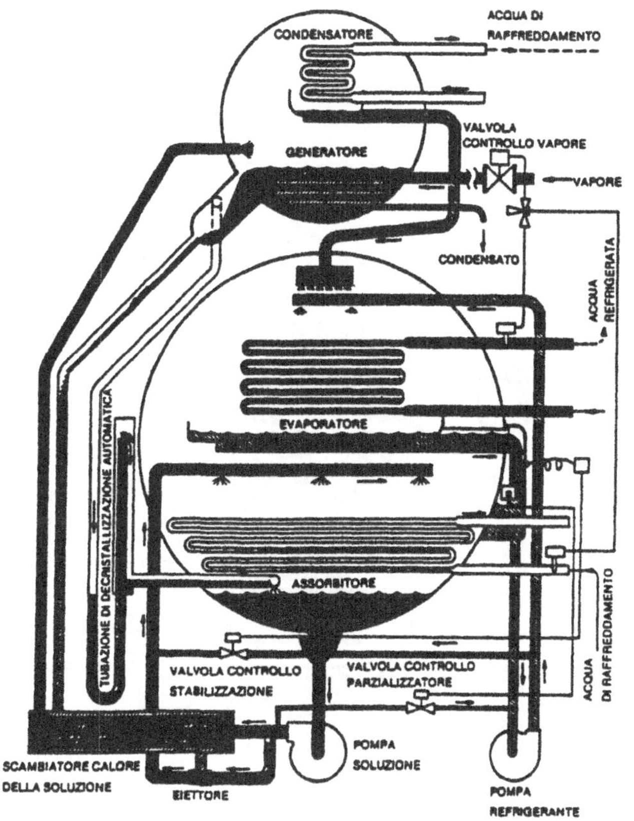

Fig. 3.13 Schema funzionale di una macchina ad assorbimento monostadio.

Abbiamo infatti visto che con le turbine a gas e a vapore questa temperatura supera agevolmente i 100°C ed è quindi in grado di fornire il calore richiesto al generatore della macchina permettendo cosi' prestazioni decisamente

interessanti. Consideriamo il caso piu diffuso del condizionamento estivo. Con calore a 110-130°C, ad esempio acqua surriscaldata, siamo in grado di alimentare egregiamente un gruppo monostadio a bromuro di litio- acqua del tipo presentato in fig. 3.13. In questo caso il raffreddamento dell'assorbitore e del condensatore è assegnato ad una torre evaporativa esterna.
Una temperatura di ingresso dell'acqua di raffreddamento di circa 29°C ottenuta in torre con condizioni esterne di progetto (32°C e 50% u.r.) danno una produzione di acqua refrigerata a 10°C con un coefficiente di effetto utile pari a circa 0,7. Valore di tutto rispetto se si considera l'utilizzo di calore altrimenti sprecato.

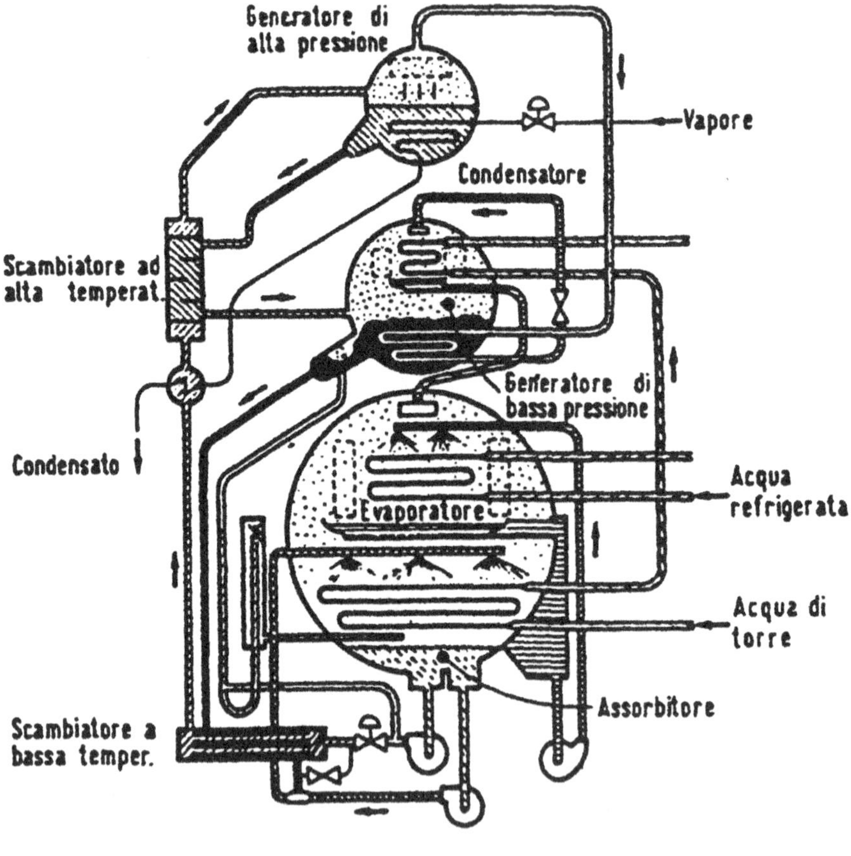

Fig. 3.14 Schema funzionale di una macchina ad assorbimento bistadio.

Avendo a disposizione calore a temperatura piu' elevata conviene passare alla macchina bistadio ad esempio del tipo rappresentato in fig. 3.14 Con

una temperatura di 180°C, usando acqua surriscaldata o vapore a circa 8 bar, si può così ottenere a parità di altre condizioni un coefficiente di effetto utile pari a 1,1.
Il problema sorge in presenza di motori a combustione interna in cui generalmente un recupero totale fornisce un livello termico non superiore agli 85-90°C. Questi cogeneratori sono i più usati negli impianti di potenza minore e quindi più frequenti proprio nelle applicazioni a servizio di quegli edifici civili caratterizzati da una richiesta di condizionamento estivo.
L'alimentazione di un gruppo monostadio con acqua calda che opera al generatore con tali livelli termici comporta un leggero calo di ε che assume un valore tra 0,7 e 0,6, a parità delle altre condizioni del caso precedente. La penalizzazione piu' forte è però relativa alla potenza frigorifera resa che praticamente si dimezza. A parità di richiesta frigorifera coperta, occorre quindi raddoppiare la potenza frigorifera nominale installata con forte aggravio di spesa.
Ma le difficoltà non terminano qui. Se l'intenzione è quella di recuperare l'intero calore disponibile, occorre una progettazione attenta anche alla compatibilità tra circuito dell'acqua di recupero e quello di alimentazione dell'assorbitore. Nel circuito di raffreddamento la temperatura di ritorno, come si è visto, non deve normalmente superare i 70°C, la mandata è tra gli 85 e i 90°C. Ne risulta un salto termico di 15-20°C. Gli assorbitori commerciali di piccola taglia presenti sul mercato sono invece di norma progettati per lavorare con un salto termico di circa 5°C per il fluido termovettore che alimenta il generatore. Supponendo ad esempio un salto di temperatura di 20°C nel circuito di recupero, la portata al generatore dovrebbe allora essere pari a quattro volte quella del circuito di recupero dato che si vuole un recupero totale. A questo punto però in uscita dall'assorbitore avrei acqua ad 85°C da raffreddare in altro modo fino a 70°C prima di inviarla al motore. Pertanto in queste condizioni in realtà la macchina ad assorbimento non è in grado di utilizzare tutto il calore recuperabile. A tale scopo l'unica possibilità è allora quella di lavorare con la stessa portata e quindi con lo stesso salto termico, nel recupero e nell'alimentazione del generatore. A parità di temperatura di ingresso, questo però implica nel generatore una temperatura media del fluido termovettore inferiore e quindi prestazioni ulteriormente penalizzate rispetto ai dati forniti dal costruttore che si riferiscono al salto termico nominale. Si osservi in figura 3.15 il vistoso calo della potenza frigorifera resa al crescere di questo salto termico e con una temperatura in ingresso costante di 90°C.

La resa frigorifera è qui espressa in termini percentuali con riferimento a quella ottenuta con il salto termico nominale pari a 5°C.
In conclusione, a fronte di una modesta variazione del coefficiente di effetto utile ε, solo un rilevante sovradimensionamento della potenza frigorifera nominale installata può permettere l'utilizzo dell'intero recupero. La convenienza economica di una simile scelta è quindi molto controversa e va comunque vagliata con molta attenzione in ogni particolare caso applicativo.
In alternativa si puo' allora pensare ad un recupero solo parziale, possibilmente a livelli termici più elevati. Posso ad esempio utilizzare solo il raffreddamento dei fumi di scarico, producendo acqua surriscaldata a 110°C. In questo modo però il recupero passa dal 50% del consumo del motore nel caso di recupero totale ad un solo 20%.

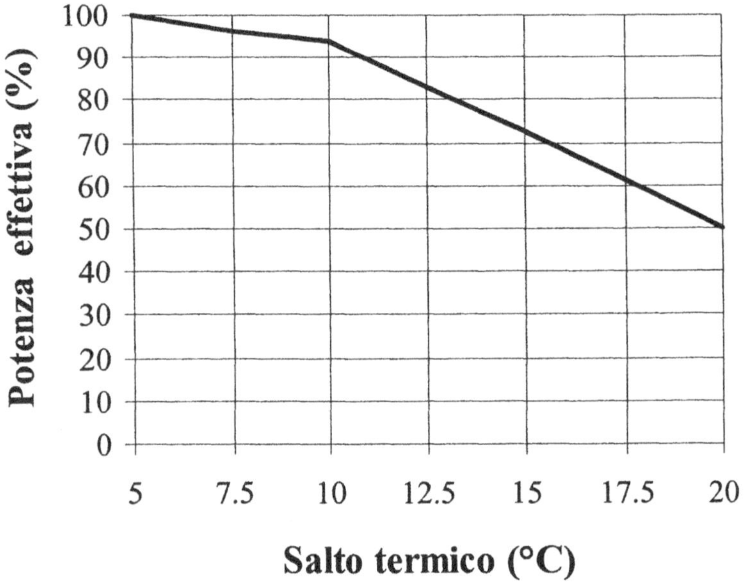

Fig. 3.15 Andamento della potenza frigorifera, in percentuale, al variare del salto termico del fluido termovettore al generatore e a parità di temperatura in ingresso (90°C). Tale resa frigorifera percentuale si riferisce a quella con salto termico di 5°C.

Per utilizzare la macchina bistadio con calore a 180°C si puo' ipotizzare un raffreddamento dei fumi dai circa 500°C in uscita fino a circa 210°C. Il recupero si riduce allora al 15% del totale consumato dal motore. E' stato proposto anche l'utilizzo di calore, recuperato in modo indipendente dai fumi e dal raffreddamento del motore, a due diversi livelli termici per alimentare rispettivamente il generatore di alta e di bassa pressione. Si tratta però ancora di soluzioni artigianali approntate espressamente in singoli casi.

3.6 I sistemi essiccanti

Nei paesi temperati, il mantenimento di condizioni di benessere nell'ambiente interno nel periodo estivo comporta normalmente l'esigenza del controllo dell'umidità. Ne consegue la necessità di deumidificare l'aria asportando i carichi latenti interni dovuti alle persone presenti e all'umidità assoluta in eccedenza che caratterizza usualmente l'aria di rinnovo. Questa deumidificazione è per lo piu' realizzata raffreddando l'aria che attraversa una batteria fredda, al di sotto del punto di rugiada asportando cosi' mediante condensazione la quantità desiderata di vapore d'acqua. Il consumo energetico legato a questo processo è considerevole, specie nelle zone piu' umide come ad esempio, la pianura Padana.

Questo forte raffreddamento assorbe infatti una quota rilevante del freddo totale prodotto che deve essere anche caratterizzato da una temperatura inferiore a quella che sarebbe richiesta per un semplice raffrescamento comportando cosi' una resa inferiore per le macchine frigorifere. Infine è responsabile della necessità del successivo postriscaldamento di cui si è già parlato.

La deumidificazione puo' pero' essere ottenuta anche per via chimica mettendo a contatto l'aria con opportune sostanze in grado di assorbire il vapor d'acqua presente. Si parla piu' propriamente di adsorbimento quando queste sostanze sono solide e il vapore viene trattenuto e condensato per effetto delle porosità presenti sulla superficie e trasmesso poi all'interno per capillarità. Il termine assorbimento riguarda piu' correttamente la deumidificazione mediante soluzioni liquide.

Fra le sostanze assorbenti si possono ricordare le soluzioni di sali come il cloruro di litio o il bromuro di litio. Si tratta di cristalli avidi di acqua e che formano con essa dapprima dei composti idrati e successivamente, aumentando la quantità di acqua, essi perdono la struttura cristallina dando origine a soluzioni liquide. Fra le sostanze adsorbenti le piu' usate sono il gel di silice o di allumina e, per le deumidificazioni molto spinte, il setaccio molecolare costituito da sodioalluminosilicato.

La causa dell'assorbimento è connesso alla differenza di pressione parziale tra il vapore presente nell'aria umida e quello in equilibrio all'interfaccia tra

aria e la superficie del materiale assorbente. Si tratta dello stesso principio fisico cui abbiamo già accennato per le macchine ad assorbimento. Ad esempio in fig.3.16 si riporta l'andamento della pressione parziale del vapore in funzione della temperatura e della concentrazione di una soluzione di cloruro di litio e acqua. Passando dall'acqua pura ad una concentrazione via via crescente, la pressione parziale del vapore in equilibrio cala e di conseguenza diminuiscono anche la temperatura di rugiada e la relativa umidità in equilibrio. La pressione parziale del vapore dell'aria umida risulta così superiore a quella del vapore in equilibrio alla superficie della soluzione.
Si realizza cosi' un passaggio di vapore nella soluzione assorbente.

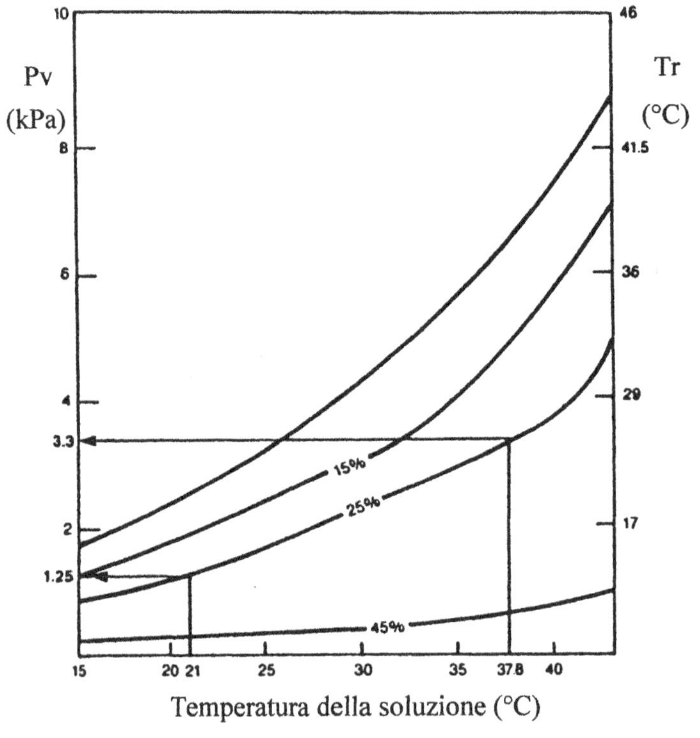

Fig. 3.16 Pressione del vapore Pv e temperatura di rugiada Tr dell'aria umida in equilibrio con una soluzione acqua-cloruro di litio in funzione della temperatura e della concentrazione della soluzione.

L'assorbimento chimico è una reazione esotermica dovuta essenzialmente al recupero del calore latente legato al processo di condensazione del vapore.

L'aria trattata subisce cosi' un riscaldamento e a valle si presenta quindi con un minor contenuto di umidità assoluta e una maggiore temperatura. C'e in altri termini una conversione in calore sensibile del calore latente dovuto al vapor d'acqua, mentre il contenuto entalpico totale resta sostanzialmente invariato.

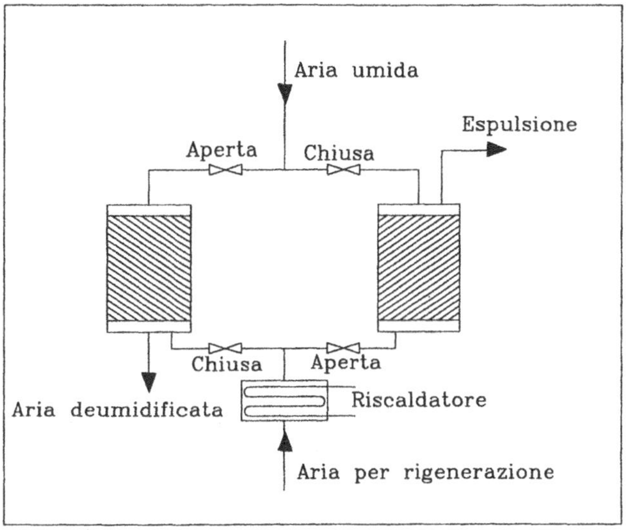

Fig. 3.17 Sistema ad adsorbimento a doppio letto fluido.

Naturalmente la sostanza assorbente non ha una capacità deumidificante infinita e questa va riducendosi all'aumentare della quantità d'acqua gia' assorbita. E' quindi necessario programmare una fase di rigenerazione in cui si possa asportare l'acqua accumulata nel materiale ripristinandone cosi' le caratteristiche iniziali. Questa rigenerazione viene normalmente ottenuta scaldando la sostanza mediante un flusso di aria calda che contemporaneamente asporta l'acqua.

Varie apparecchiature sono state proposte per realizzare il processo di deumidificazione chimica. Con i desiccanti solidi si usano essenzialmente sistemi a doppio letto ad adsorbimento (fig. 3.17).

L'aria umida attraversa un letto costituito da granuli assorbenti e caratterizzato da un modesto spessore, ma da grande estensione. Contemporaneamente l'altro letto, precedentemente usato, viene rigenerato tramite un flusso di aria calda. Periodicamente i due processi si alternano nei due componenti permettendo cosi' la continuità di funzionamento dell'impianto.

Il sistema puo' adattarsi anche all'impiego di soluzioni assorbenti liquide introducendo delle camere spray (fig. 3.18) che possono diventare delle vere e proprie torri impaccate. In questo ultimo caso la torre impaccata presenta un riempimento, normalmente costituito da dischi, che viene irrorato con la soluzione assorbente. Durante la fase di deumidificazione, si realizza cosi' il contatto con il flusso di aria da trattare che attraversa la torre stessa, viceversa nella fase di rigenerazione la torre è attraversata da un flusso di aria calda. La rigenerazione della soluzione assorbente puo' anche essere realizzata in modo indipendente in un organo esterno in cui la miscela viene riscaldata facendo evaporare l'acqua in eccedenza.

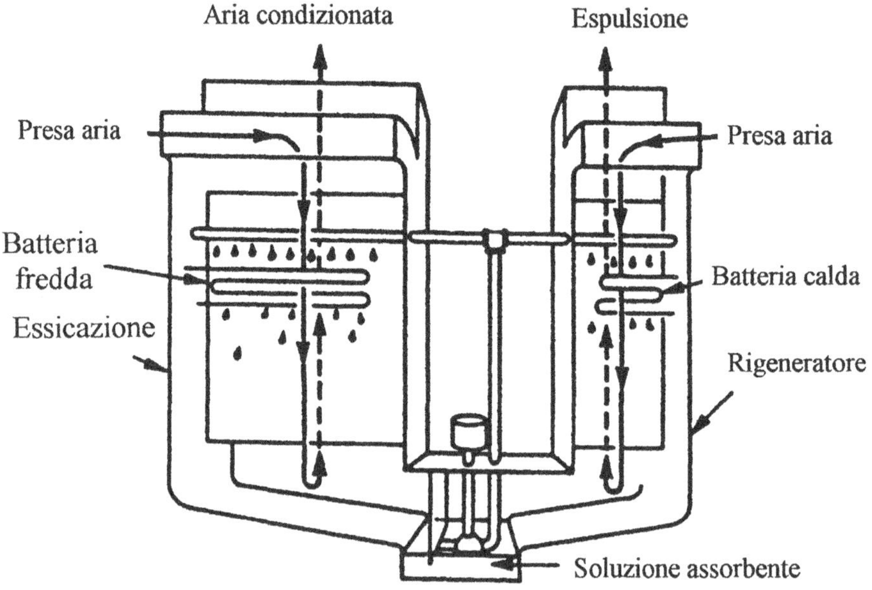

Fig. 3.18 Sistema di deumidificazione a camere spray.

I deumidificatori che hanno trovato maggior impiego nel ambito del condizionamento dell'aria sono pero' quelli rotanti dato il loro ridotto ingombro che ne permette un semplice inserimento all'interno delle centrali di trattamento dell'aria. Il sistema rotante è costituito da un corpo cilindrico a piu' strati concentrici fra i quali vengono inseriti direttamente i materiali adsorbenti quali il gel di silice oppure una matrice solida impregnata di una soluzione assorbente quale una soluzione di acqua e cloruro di litio (fig. 3.19

A volte l'aria usata per il processo di rigenerazione può essere la stessa aria ripresa che, viene ulteriormente riscaldata per essere usata ai fini della rigenerazione prima dell'espulsione. In questo caso si deve assolutamente evitare la miscelazione tra le due portate d'aria.

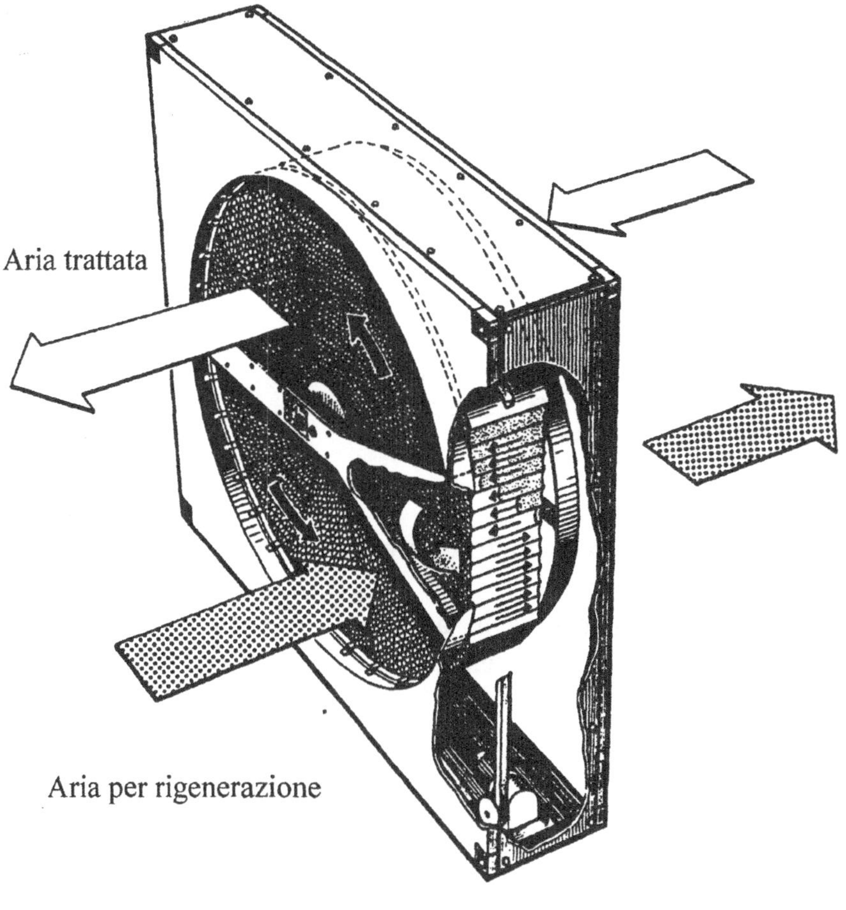

Fig. 3.19 Vista di un deumidificatore rotante.

Una porzione dell'area di transito viene allora riservata al passaggio dell'aria di riattivazione ed è quindi separata dalla zona di trattamento mediante un opportuno setto munito di una tenuta di tipo dinamico (fig. 3.20 e fig. 3.21). Un ulteriore vantaggio di questi sistemi essiccanti è la loro azione battericida dovuta all'impiego di sostanze battericide nonchè all'assenza, in questo caso, della batteria fredda di deumidificazione bagnata e completa della bacinella di raccolta del condensato. Si tratta di luoghi umidi che favoriscono la proliferazione batterica. L'impiego negli impianti di climatizzazione di questi sistemi favorisce quindi una buona qualità dell'aria negli ambienti.

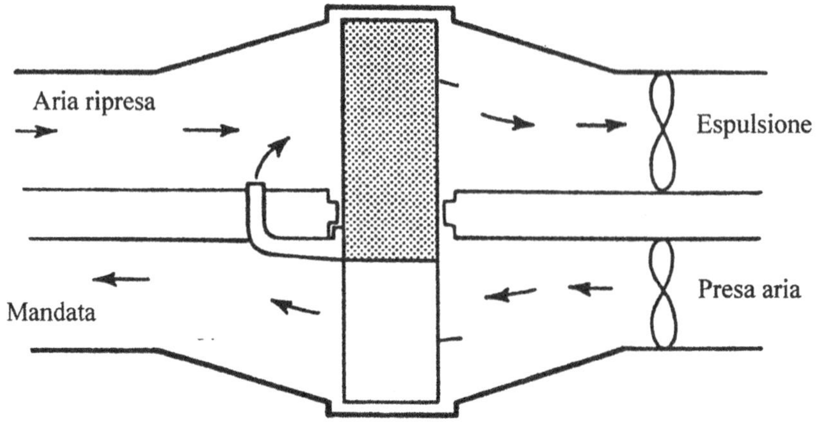

Fig. 3.20 Sezione di un deumidificatore rotante con tenuta dinamica.

Esigenza particolarmente sentita in applicazioni caratterizzate da elevati standard igienico-sanitari quali gli edifici ospedalieri e similari.

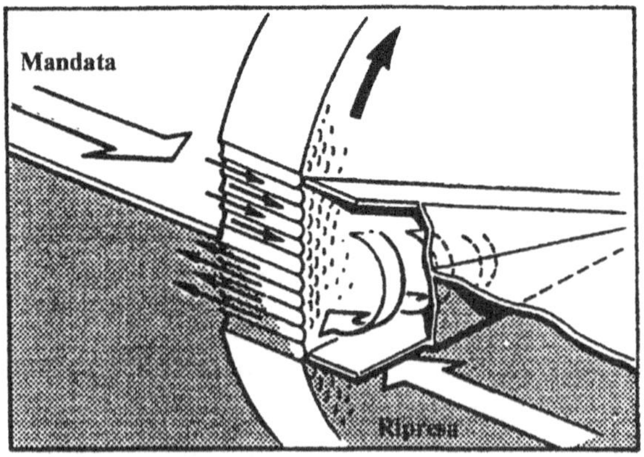

Fig. 3.21 Particolare della tenuta dinamica.

I due processi di deumidificazione e rigenerazione avvengono quindi contemporaneamente ed interessano aree diverse del rotore imprimendo a questo un'opportuna velocità di rotazione.
L'impianto complessivo prevede quindi anche il riscaldamento dell'aria di rigenerazione. Si consideri ad esempio (fig.3.22) il caso di un impianto di trattamento dell'aria di rinnovo (aria primaria).

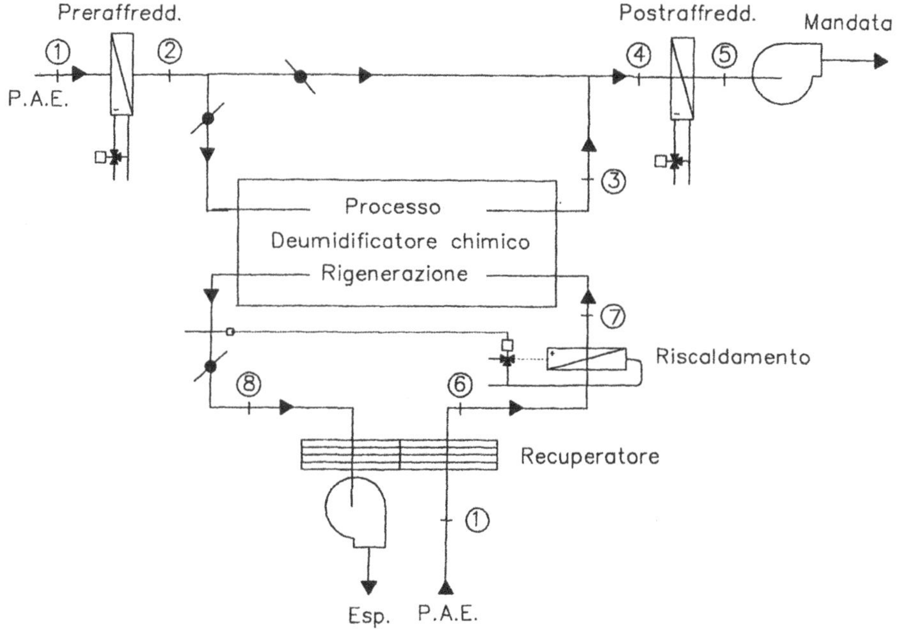

	1	2	3	4	5	6	7	8	9
t (°C)	32	17	39.5	35.7	26	44.8	119	48	35.2
X (g/kg)	15	11	5.1	10	10	15	15	32.7	32.7

Fig. 3.22 Impianto di deumidificazione chimica per aria primaria.

Nella figura si riportano anche i dati psicrometrici relativi ai trattamenti subiti dalle due correnti d'aria. Data la notevole capacità di deumidificazione chimica, di solito superiore a quanto richiesto nelle applicazioni piu' frequenti di condizionamento dell'aria, solo una parte dell'aria di rinnovo attraversa il rotore e si miscela poi con la rimanente. L'aria cosi' ottenuta

puo' richiedere un raffreddamento successivo per portarla nelle condizioni di immissione.
La rigenerazione avviene mediante una portata d'aria che normalmente è circa un terzo della portata d'aria trattata perchè la riattivazione sia efficace è quindi necessario riscaldare tale aria ad una temperatura sufficientemente elevata. Negli impianti convenzionali questo viene ottenuto mediante batterie elettriche o piu' correttamente con bruciatori a gas con temperature finali dell'ordine dei 120-150°C.
Naturalmente per ridurre l'impegno energetico si utilizza la presenza di recuperatori tra i flussi d'aria.
La convenienza energetica ed economica di questo impianto rispetto alla soluzione tradizionale con batteria fredda risulta però netta solo nei casi in cui si debbano assicurare livelli di umidità interna molto bassi dato che questo comporterebbe livelli termici per gli evaporatori dei gruppi frigoriferi fortemente penalizzanti.

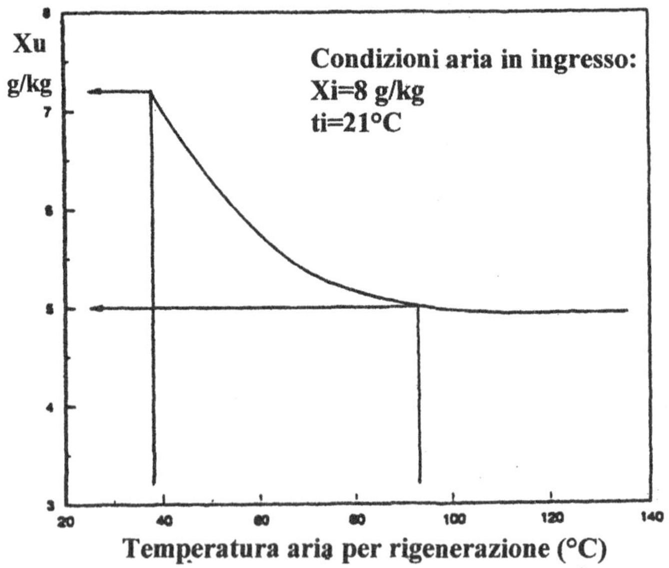

Fig. 3.23 Umidità Xu (g/kg) in uscita, a parità di condizioni di ingresso, al variare della temperatura dell'aria di rigenerazione.

Proprio per migliorare la resa energetica di questi sistemi in modo da renderli interessanti anche nelle applicazioni più frequenti di climatizzazione ambientale, sono state pensate ed introdotte tutta una serie di possibili varianti allo schema di base appena visto. Particolarmente promettente si è rivelato l'utilizzo delle portate di aria espulsa dagli ambienti non solo per il recupero, ma anche per la rigenerazione dopo opportuno riscaldamento. Ottimi risultati ha fornito anche l'introduzione del raffreddamento evaporativo. Mediante umidificazione è possibile raffreddare l'aria ripresa e utilizzarla, prima della definitiva espulsione, per raffreddare l'aria di mandata. L'analisi particolareggiata di queste soluzioni progettuali non viene qui riportata, perchè ci porterebbe fuori tema, ma indica concrete possibilità di sviluppo per questa tecnica di deumidificazione mediante assorbimento.
Diversa è la situazione nel caso in cui si possa sfruttare calore di recupero per il riscaldamento dell'aria di rigenerazione limitando cosi' fortemente il consumo energetico. In questo caso i vantaggi in termini di risparmio energetico sono evidenti. Il limite all'impiego di questo calore puo' essere rappresentato dal suo livello termico infatti l'efficacia del processo di rigenerazione è legato proprio alla temperatura dell'aria calda utilizzata in tale processo. Naturalmente una scarsa rigenerazione comporta una riduzione della capacità di assorbimento a regime. Si osservi infatti in fig. 3.23 l'umidità specifica in uscita in funzione della temperatura di rigenerazione a parità delle condizioni termoigrometriche in ingresso dell'aria trattata. Per migliorare le prestazioni si è qui scelto di usare una portata d'aria di rigenerazione pari a quella trattata. In ogni caso si ha un drastico calo della capacità di deumidificazione scendendo sotto ai 90°C. Eventuale calore in esubero a bassa temperatura puo' essere utilmente utilizzato quindi solo per un preriscaldamento dell'aria di riattivazione mentre il livello finale deve essere raggiunto mediante produzione di calore ad alta temperatura.
Nel caso della cogenerazione la temperatura dell'energia termica resa disponibile è ampiamente soddisfacente negli impianti con turbina a vapore o gas mentre con i motori a combustione interna siamo al limite delle possibilità di impiego, ma con un possibile calo della resa del sistema essiccante. Circostanza decisamente accettabile a fronte della possibilità di usare calore in esubero altrimenti sprecato.

3.7 Rotori essiccanti ad alta efficienza

La ricerca applicata ha portato in questi ultimi anni allo sviluppo di una nuova generazione di rotori per l'essiccazione. Viene qui in particolare considerato un rotore realizzato mediante un nuovo materiale igroscopico adsorbente. Partendo dal gel di silice si è infatti ottenuto un silicato metallico per polimerizzazione che è stato successivamente fissato, mediante sinterizzazione chimica, ad un laminato ceramico. Tale laminato viene utilizzato per realizzare la struttura a nido d'ape che costituisce il rotore. Si è realizzato così un sistema essiccante con più elevate caratteristiche di resistenza meccanica, durabilità e lavabilità. Tuttavia il progresso più rilevante è connesso con il forte incremento di capacità assorbente. Le sue prestazioni, fornite dal costruttore, sono riportate nelle figure 3.24 e 3.25.

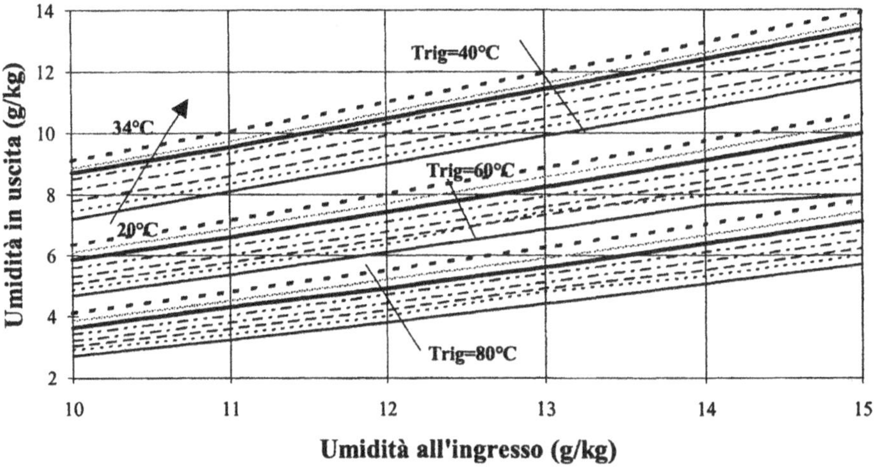

Fig. 3.24 Umidità in uscita dell'aria di processo in funzione di umidità e temperatura in ingresso per tre diverse temperature di rigenerazione (40, 60, 80°C).

Precisamente la figura 3.24 fornisce l'umidità assoluta in uscita in funzione dell'umidità e temperatura in ingresso dell'aria di processo, per tre diverse temperature di rigenerazione (80, 60, 40°C). In figura 3.25 si ricava invece la corrispondente temperatura di uscita dell'aria di processo sempre in funzione delle condizioni termoigrometriche in ingresso e per le tre temperature di rigenerazione. Il rotore qui considerato ha una profondità di 200 mm, con un'area di rigenerazione pari al 40% della totale, mentre la rimanente è interessata dal flusso di processo. La velocità di rotazione è di 30 giri per ora. Le portate d'aria di processo e di rigenerazione sono uguali. Il confronto con le tipiche prestazioni di un tradizionale rotore chimico evidenzia il netto incremento delle prestazioni con una temperatura di rigenerazione di 80°C. Il dato più importante è però la possibilità di conseguire una soddisfacente deumidificazione anche con una temperatura di riattivazione limitata a 40°C. Si tratta di un livello termico facilmente ottenibile anche utilizzando il calore di recupero dai condensatori dei gruppi frigoriferi comunque presenti per il raffrescamento ambientale.

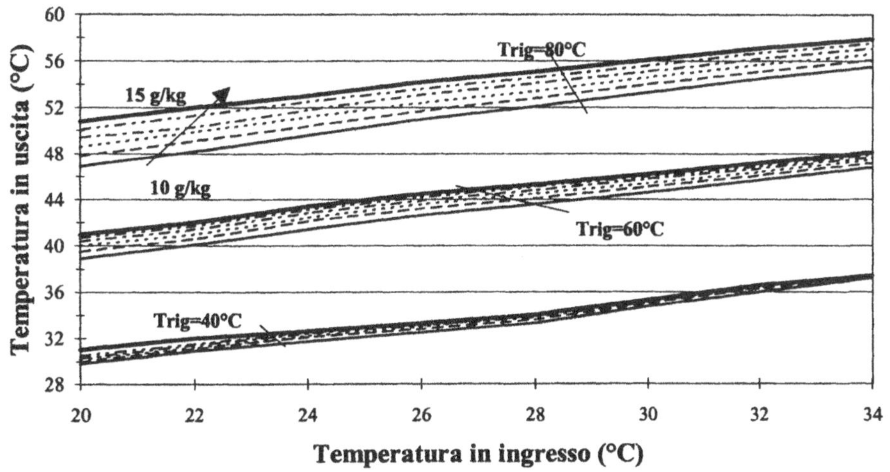

Fig. 3.25 Temperatura in uscita dell'aria di processo in funzione della temperatura ed umidità in ingresso per tre diverse temperature di rigenerazione (40, 60 e 80°C).

E' allora possibile pensare ad un impianto di climatizzazione in cui si installa solo la potenza frigorifera richiesta per il controllo di temperatura negli ambienti mentre il controllo di umidità è affidato al rotore essiccante riattivato grazie al recupero. In questo caso l' acqua refrigerata può essere prodotta a più alta temperatura , ad esempio 10°C (in teoria anche di più), in luogo dei classici 5-7°C, compensando così la penalizzazione legata al livello termico più elevato imposto al condensatore dal recupero totale. A volte però può essere sufficiente il recupero parziale, non penalizzante, del solo calore di desurriscaldamento, che arriva a circa il 75% della potenza richiesta per la compressione.

Dalla figura 3.25 si può inoltre desumere un ulteriore vantaggio. L'essiccazione è una reazione esotermica che riscalda quindi inevitabilmente l'aria in uscita rispetto alla condizione in ingresso. Riducendo la temperatura di rigenerazione si riducono però i livelli termici a cui opera il rotore e diminuisce quindi l'esigenza di raffreddamento sensibile a valle della ruota.

Proprio l'elevata capacità assorbente di questo rotore ha permesso la realizzazione di sistemi completi di deumidificazione, già commercializzati, basati sull'integrazione in un sistema a pompa di calore ad espansione diretta in cui l'evaporatore raffredda ed eventualmente predeumidifica l'aria di processo a monte della ruota, mentre la rigenerazione è assicurata dal flusso d'aria riscaldata attraversando il condensatore. Il preraffreddamento permette infatti di incrementare l'essiccazione e di ridurre la temperatura in uscita dell'aria di processo.

Tra le varie possibili, viene qui presentata una soluzione impiantistica per la realizzazione di una centrale di trattamento dell'aria in cui la deumidificazione sia affidata ad un rotore essiccante ad alta efficienza. Le varianti riguardano le possibilità di pre e postraffreddamenti dell'aria di processo e l'inserimento di scambiatori di calore tra i flussi a monte e a valle della rigenerazione per ridurre l'impegno energetico richiesto per tale processo. Per quanto riguarda il raffreddamento si è ricorso a quello evaporativo. Tramite un processo di saturazione adiabatica, ottenuta in una normale sezione di umidificazione, si riesce a ridurre il livello termico di una portata d'aria che può così successivamente essere utilizzata in opportuni scambiatori per il raffreddamento dell'aria di processo. Per il particolare contesto applicativo qui considerato, viene allora presentata una possibile soluzione ottenuta come compromesso fra l'esigenza di semplicità e quindi di costo contenuto e la ricerca di elevate prestazioni stagionali, sia in termini energetici che economici. Si è qui considerata una centrale di trattamento dell'aria primaria inserita in un impianto di climatizzazione misto aria primaria e mobiletti ventilconvettori. Il carico sensibile è quindi coperto dai ventilconvettori mentre il controllo dell'umidità è affidato all'aria primaria. Nel periodo di condizionamento estivo essa utilizza il calore di recupero dai refrigeratori presenti per alimentare i mobiletti e saltuariamente la batteria fredda presente nella macchina.

Lo schema della macchina è rappresentato in figura 3.26. La temperatura dell'aria di mandata durante l'anno è fissata a 20°C. Il sensore di temperatura sulla mandata comanda infatti l'intervento della batteria di postriscaldamento o, qualche volta in estate, della batteria fredda. L'umidità ambiente è regolata mediante il sensore di umidità posto sulla ripresa. In caso di necessità tale sensore comanda l'umidificazione durante l'intero

anno oppure, solo in estate, incrementa la capacità di deumidificazione elevando nella misura dovuta la temperatura dell'aria di rigenerazione grazie all'intervento della seconda batteria calda attraversata dall'aria ripresa.
Le trasformazioni dell'aria durante la fase di condizionamento estivo sono rappresentate in figura 3.27 sul diagramma psicrometrico. L'aria esterna di processo viene raffreddata prima e dopo la deumidificazione in due scambiatori a piastre mediante aria esterna ausiliaria preventivamente raffreddata tramite saturazione adiabatica e successivamente espulsa.
Se la deumidificazione è superiore a quella richiesta per la mandata, un saturatore adiabatico ripristina l'umidità voluta contribuendo così anche ad un ulteriore raffreddamento del flusso d'aria. La batteria fredda alimentata dai refrigeratori o la batteria calda di post-riscaldamento alimentata dal recupero intervengono per portare la temperatura di mandata al valore desiderato (20°C). Invece la batteria di preriscaldamento è disattivata nel periodo estivo. La rigenerazione avviene mediante aria ripresa dagli ambienti e riscaldata fino a 40°C mediante una batteria calda alimentata dal recupero. Saltuariamente tale temperatura di rigenerazione non è sufficiente per la deumidificazione richiesta, viene quindi alzata quanto necessario mediante

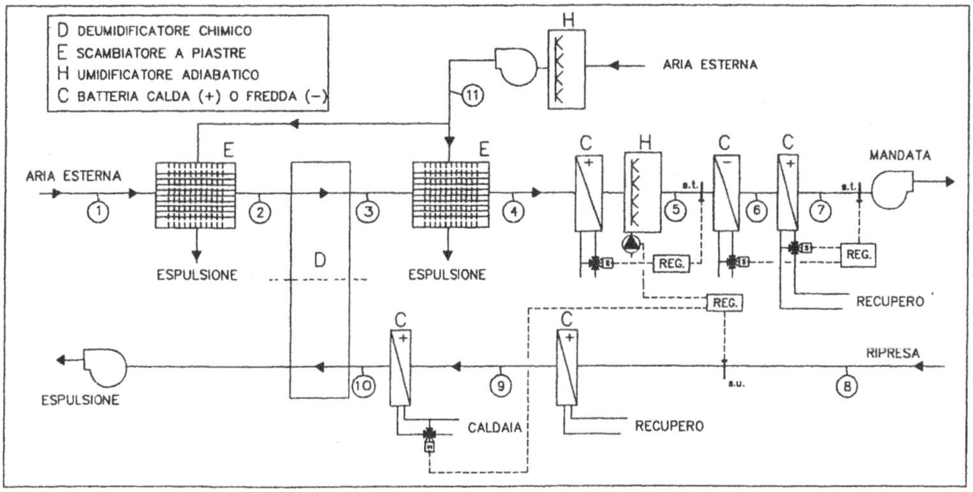

Fig. 3.26 Schema della centrale di trattamento proposta

intervento di una seconda batteria calda alimentata con acqua di caldaia in base al controllo di umidità inserito nella ripresa. Durante la stagione di riscaldamento la macchina funziona come una classica centrale di trattamento aria primaria sono cioè attive le batterie di pre e postriscaldamento alimentate da caldaia e la sezione di umidificazione. Il rotore funziona come un semplice recuperatore entalpico ad alta efficienza (65%). Le batterie calde per la rigenerazione e la sezione di umidificazione con relativo ventilatore per il raffreddamento negli scambiatori a piastre sono disattivate. Gli scambiatori a piastre previsti hanno un'efficienza del 60%, l'umidificatore per il raffreddamento evaporativo un'efficienza del 90%.

Le batterie di riscaldamento alimentate dal recupero sono dimensionate per acqua in ingresso a 50°C e uscita 45°C.

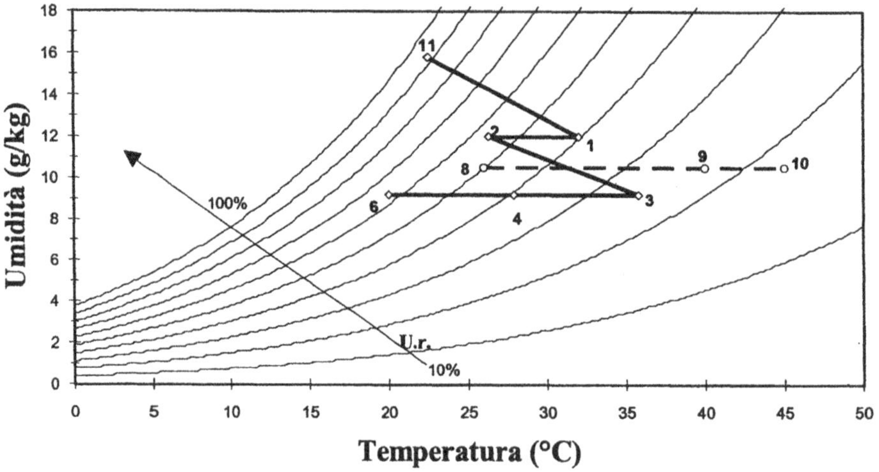

Fig. 3.27 Rappresentazione dei processi dell'aria sul diagramma psicrometrico.

3.8 Sistemi essiccanti ad alta efficienza e cogenerazione

Il confronto tra l'impianto precedente e quello basato su una tradizionale centrale di trattamento dell'aria con batteria fredda di deumidificazione ha permesso di evidenziare i rilevanti risparmi energetici possibili con questi rotori essiccanti anche nell'ambito del condizionamento civile grazie alla possibilità di sfruttare ampiamente per la rigenerazione il calore di recupero dai gruppi frigoriferi presenti. Attualmente però, nonostante il forte risparmio di gestione ottenuto, l'alto costo di questi sistemi rende ancora poco appetibile questo tipo di investimento specie per una committenza

privata. Da qui l'esigenza di annoverare la deumidificazione per essiccazione tra le tecniche considerate ad alto risparmio energetico dall'attuale normativa. Lo scopo è quello di poter così usufruire di incentivi che ne facilitno la diffusione.
Diverso è il caso della cogenerazione con gruppi azionati da motori a combustione interna in cui si voglia utilizzare il calore recuperato per il condizionamento estivo. L'uso di un rotore chimico ad alta efficienza può superare le difficoltà tecniche ed economiche già viste con i rotori tradizionali e con le macchine ad assorbimento quanto la temperatura di alimentazione scende sotto i 90°C. Infatti un recupero totale fornisce un livello termico non superiore agli 85-90°C.
La proposta è allora quella di utilizzare il calore di recupero per ottenere la rigenerazione in una centrale di trattamento basata su un rotore chimico ad alta efficienza. In caso di eccedenza, il calore a più alta temperatura, per esempio tra i 90°C e gli 80°C oppure il recupero dai soli fumi mediante un circuito separato, possono alimentare con una resa migliore i gruppi frigoriferi ad assorbimento. Con una batteria alimentata con acqua calda che opera tra 80 e 70°C si può agevolmente ottenere una temperatura dell'aria di rigenerazione a 65°C. Si osservi in figura 3.25 come a 60°C la capacità di deumidificazione si triplica rispetto alla rigenerazione a 40°C. Ad esempio partendo da aria a 32°C con il 40% di umidità relativa cioè 12 g/kg di umidità assoluta, si riesce ora a strappare 4,3 g/kg invece dei precedenti 1,3 g/kg. A parità di deumidificazione, questo implica la possibilità di ridurre le portate usando di conseguenza rotori più piccoli e quindi meno costosi.
Per concretizzare queste considerazioni riferiamoci al caso di un edificio con una portata di ventilazione di 12000 m^3/h. Qui il trattamento dell'aria primaria richiede una potenza frigorifera di 120 kW con la centrale tradizionale mentre la centrale con rotore essiccante necessita di una potenza termica di 79 kW per la rigenerazione.
Consideriamo due diverse possibilità schematizzate in tabella 3.I. Anzitutto un impianto di cogenerazione con una potenza di 110 kW di poco superiore alle esigenze dei carichi elettrici interni più frequenti (illuminazione+personal computers). Di conseguenza il recupero termico massimo disponibile si aggira su 186 kW termici. Stimando un coefficiente di effetto utile (COP) a 0,7, i gruppi ad assorbimento possono fornire con un utilizzo pieno del recupero circa 130 kW frigoriferi. Questi sono appena sufficienti per alimentare la centrale di trattamento tradizionale. Per i gruppi ad assorbimento si è fatto riferimento ad unità modulari disponibili sul mercato italiano. Ciascun modulo, funzionante con soluzione acqua-

bromuro di litio, raffreddato con acqua di torre a 29°C, alimentato con acqua calda a 90°C e salto termico di 5°C, fornisce circa 120 kW nominali che si dimezzano con un salto termico di 20°C. Occorre quindi installare due unità, ciascuna delle quali in opera costa sui 100 milioni. Aggiungendo il costo della torre evaporativa e della centrale tradizionale, del tipo di figura 6, si ottiene complessivamente un costo in opera di circa 249 milioni. Lo stesso trattamento dell'aria primaria può essere ottenuto installando solo la centrale già proposta dove la ruota essiccante è più piccola perché tratta solo metà della portata complessiva. Il suo costo in opera è di 93 milioni. Il risparmio netto con la soluzione proposta è di 156 milioni. Si osservi che ulteriori risparmi potrebbero essere ottenuti dato che in questo caso con il solo recupero è in effetti possibile alzare la temperatura di rigenerazione a 75°C.

CASO I Recupero usato per trattamento aria primaria Cogenerazione di 110 kW elettrici → 186 kW termici→ → 186x0,7=130 kW frigoriferi	
a) Soluzione tradizionale CTA tradizionale +2 unità da 120 kW nominali	costo=249 milioni
b) Soluzione proposta CTA con rotore essiccante	costo=93 milioni
	Risparmio=156 milioni
CASO II Recupero usato per trattamento aria primaria e produzione 120 kW frigoriferi Cogenerazione di 220 kW elettrici → 372 kW termici → → 372x0,7=260 kW frigoriferi	
a) Soluzione tradizionale CTA tradizionale +4 unità da 120 kW nominali	costo=469 milioni
b) Soluzione proposta CTA con rotore essiccante +1 unità da 120 kW nominali	costo=213 milioni
	Risparmio=256 milioni

Tab. 3.I Confronto economico tra soluzione proposta e tradizionale per due diverse potenze cogenerative installate (anno 2000).

Supponiamo ora che nella stessa utenza siano presenti maggiori richieste elettriche per cui risulti conveniente l'installazione di una potenza cogenerativa di 220 kW elettrici. Il recupero rende così disponibili 372 kW termici. Con il solito COP pari a 0,7 si può stimare una potenza frigorifera massima ottenibile sfruttando l'intero recupero pari a 260 kW. Dato il dimezzamento della potenza nominale, sono però necessarie quattro unità modulari del tipo considerato. Con la soluzione tradizionale metà della potenza resta poi impegnata nell'alimentazione della centrale di trattamento aria primaria. Il costo complessivo, compresa la centrale è ora stimabile sui 469 milioni. La centrale di trattamento con rotore chimico utilizza solo 71 kW con acqua fra gli 80 e i 70°C. Il salto 90-80°C dell'acqua calda di recupero può essere impiegato per gli assorbitori. In figura 3.15 si osservi che la riduzione della resa non supera il 7%. Producendo acqua refrigerata a 10°C, temperatura sufficiente per i ventilconvettori, posso quindi ottenere con un solo modulo una potenza frigorifera sui 120 kW. Ottengo così lo stesso risultato finale della soluzione tradizionale, ma con un costo in opera di soli 213 milioni. Il risparmio è quindi di 256 milioni. La valutazione si riferisce ai costi ad inizio 2000.

Naturalmente questo confronto è solo teorico. Dati i costi con la scelta tradizionale, il progettista in pratica sarà portato a rinunciare all'uso del calore recuperato sotto gli 80°C. Con l'essiccazione, questo utilizzo è invece possibile con una spesa più contenuta.

Riducendo così l'ostacolo economico che attualmente penalizza l'impiego del calore recuperato per il condizionamento, si estendono le possibilità applicative della piccola e media cogenerazione in ambito civile.

CAPITOLO IV

ANALISI ECONOMICA DEGLI IMPIANTI

4.1 Introduzione

La realizzazione di un impianto cogenerativo consiste dal punto di vista finanzario nell'investimento di un capitale iniziale i cui utili deriveranno successivamente dai risparmi economici conseguibili sulle spese di gestione degli impianti di produzione dell'energia richiesta proprio grazie alla scelta dell'opzione cogenerativa. Per poter quindi verificare la validità di questa operazione finanziaria è quindi necessario stimare con sufficiente precisione i benefici economici connessi ogni anno con il risparmio energetico ottenibile.
E' quindi anzitutto necessario valutare i costi dell'energia sia in presenza che in assenza dell'impianto cogenerativo, riferendosi ai combustibili previsti e anche per l'eventuale acquisto di energia elettrica non autoprodotta.
Questa fase progettuale potrebbe sembrare molto semplice, ma è invece complicata dalla variabilità di questi costi sul territorio nazionale e per la macchinosità applicativa di alcune tariffe, Occorre poi fissare dei riferimenti temporali precisi dato che spesso i prezzi sono soggetti a variazioni improvvise per motivi internazionali e nazionali basti citare nel nostro paese la politica fiscale. Proprio le diverse aliquote fiscali presenti in zone diverse del territorio nazionale e con una chiara tendenza a favorire le aree più depresse, causano prezzi finali dell'energia differenziati e che vanno quindi sempre verificati in un determinato contesto geografico. Valutazioni analoghe valgono per i tassi di interesse e per gli incentivi economici, parametri quindi fondamentali nella valutazione finanziaria dell'investimento cogenerativo. Questa circostanza rende più difficile l'elaborazione di criteri e principi guida che abbiano validità generale nell'ambito del nostro paese. Ciò che è conveniente a Padova può non esserlo più a Napoli o viceversa. Nel seguito di questa trattazione, parlando di tariffe, si darà anche qualche numero esemplificativo più che altro per dare un'idea sull'entità del ruolo delle singole voci sul costo finale. In ogni caso si è fatto qui riferimento a tariffe vigenti a Padova.

Un'analisi corretta deve detrarre dall'utile lordo annuale anche l'onere delle manutenzioni ordinarie e straordinarie richieste dagli impianti. Si tratta di costi prevedibili con una certa precisione in base alla potenza delle macchine installate, una volta definito per ciascun tipo di impianto cogenerativo il relativo programma di manutenzione. Spesso le stesse società costruttrici dei motori primi o di interi sistemi del tipo chiavi in mano offrono anche contratti di assistenza e manutenzione per l'intera vita utile dell'impianto. Per le tipologie piu' diffuse valori orientativi degli oneri di manutenzione sono quindi ben noti e già disponibili anche in prima battuta di uno studio di fattibilità. Questi costi sono normalmente riferiti all'unità di energia elettrica prodotta. Si puo' così ad esempio indicare un costo di manutenzione di circa 20 L/kWh nel caso di motori a combustione interna e di 10 L/kWh per una turbina a gas, 18 L/kWh per le grandi centrali con turbine a vapore (costi 1994).

4.2 Il quadro legislativo nazionale

Per poter comprendere in pieno l'articolazione delle tariffe energetiche italiane occorre avere anzitutto una visione generale della politica energetica nazionale in questi ultimi anni. La strategia di fondo è stata delineata con il Piano Energetico Nazionale emanato nel 1988, cui sono seguite le leggi di attuazione (leggi n. 9 e n.10 del 1991).

In particolare le norme relative all'area elettrica sono state profondamente rinnovate dalla legge n. 9/1991 che ha aperto ai privati il settore della produzione dell'energia elettrica. La liberalizzazione e gli incentivi riguardano però solo la fase di produzione dell'energia mentre il trasporto e la distribuzione restano fondamentalmente monopolio dell'ente pubblico che rimane quindi il cardine su cui si basa l'intero sistema elettrico nazionale. Fanno eccezione solo gli enti locali e le società da loro controllate fra cui importanti sono le aziende municipalizzate, che nei centri urbani maggiori si occupano della distribuzione di acqua, luce e gas.

In base alla nuova normativa vengono altresì previste limitate possibilità di vendere o di scambiare con terzi l'elettricità prodotta utilizzando per il trasporto la rete di distribuzione pubblica (vettoriamento), mentre si fa obbligo all'ENEL di acquistare l'energia prodotta in esubero. E' infine possibile anche stipulare con l'ente pubblico un accordo di scambio dell'energia elettrica con prelievo e restituzione in fasce orarie diverse. Il regolamento del Comitato Interministeriale Prezzi (CIP) n. 6 del 29 aprile

1992 contiene le norme attuative per quanto riguarda i prezzi di cessione, vettoriamento e scambio di elettricità. Esso fornisce le regole in base alle quali si costruiscono le varie tariffe e si basa sui concetti di costo evitato e di incentivo all' uso delle fonti rinnovabili o assimilabili per i conseguenti benefici sociali ed ambientali.
Per quanto riguarda gli impianti utilizzanti fonti energetiche convenzionali si è infatti ritenuto che essi non debbano ricevere alcun trattamento di favore. I vari prezzi di cessione vengono quindi formulati in base ai costi che l'ENEL, impiegando l'energia prodotta dai privati, riesce a risparmiare. In questo modo si hanno però spesso tariffe tutt'altro che appetibili per gli autoproduttori. Infatti per una grande azienda produttrice come l'ENEL i contributi degli autoproduttori incidono solo marginalmente sul bilancio globale. I costi evitati tendono quindi ad essere dei costi marginali in genere più bassi dei costi medi di produzione. In queste condizioni le cessioni all'ente pubblico sono normalmente giustificate solo in periodi di transitorio esubero di impianti realizzati essenzialmente per l'autoconsumo.
Diversa è invece la situazione con l' impiego di fonti energetiche rinnovabili o assimilate. In questo caso il CIP è tenuto ad assicurare condizioni tariffarie incentivanti per la cessione all'ENEL degli esuberi. Le fonti rinnovabili sono l'energia solare, eolica, idraulica, geotermica, marina e l'energia prodotta dai rifiuti. Si parla di fonti energetiche convenzionali, ma assimilabili a quelle rinnovabili, quando queste sono utilizzate in impianti che assicurano un'elevata efficienza energetica. Vengono quindi favorite al massimo le installazioni di sistemi per il risparmio energetico proprio per le loro ricadute socioambientali.
Il criterio di assimilabilità si basa sul concetto di Indice energetico (Ien) definito come:

$$Ien = \frac{E_e}{E_c} + \frac{E_t}{0{,}9 \cdot E_c} - a \qquad \text{con } a = \left(\frac{1}{0{,}51} - 1\right) \cdot \left(0{,}51 - \frac{E_e}{E_c}\right) \qquad (4.1)$$

dove:
E_e= energia elettrica netta prodotta in un anno;
E_t= energia termica utile prodotta in un anno;
E_c= energia consumata in un anno mediante combustibili fossili.

Affinchè un impianto convenzionale sia assimilabile ad un impianto che usa fonti rinnovabili dovrà risultare Ien>0,51. Si avrà poi una tariffazione ancora piu' favorevole nel caso di Ien>0,60.

Il valore limite pari a 0,51 risulta particolarmente severo e selettivo anche nei riguardi di impianti cogenerativi con elevate prestazioni. Consideriamo infatti la limitazione Ien≥0,51 espressa in una forma equivalente, ma più significativa per gli impianti di produzione combinata:

$$\frac{E_e / E_c}{0{,}51} + \frac{E_t / E_c}{0{,}9} \geq 1 \tag{4.2}$$

I due rendimenti minimi necessari per l'assimilabilità nei casi limite di sola produzione termica ed elettrica sono rispettivamente 0,9 e 0,51. Ora una efficienza di produzione termica pari a 0,9 è agevolmente ottenibile con una caldaia ad alto rendimento. Viceversa una resa di generazione elettrica pari a 0,51 risulta molto ardua da raggiungere soprattutto negli impianti cogenerativi. Nella fig. 4.1 è riportata la retta che esprime la correlazione tra i rendimenti di produzione elettrico E_e/E_c e termico E_t/E_c in base alla relazione precedente. Tale retta separa sul diagramma le due zone con Ien maggiore o minore di 0,51.

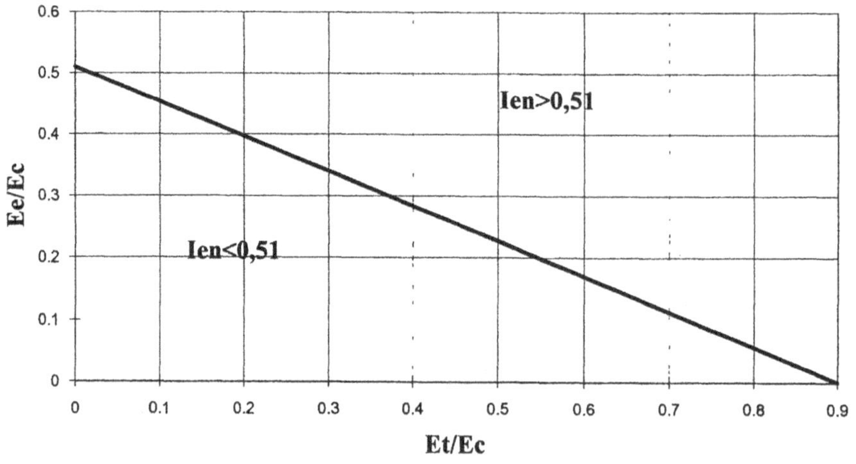

Fig. 4.1 Visualizzazione grafica della correlazione tra i rendimenti parziali termico E_t/E_c ed elettrico E_e/E_c quando Ien=0,51.

Ne risultano favoriti di conseguenza gli impianti che presentano una forte utilizzazione di calore a scapito di quelli caratterizzati da una piu' consistente produzione elettrica. Quindi in particolare i cicli misti

gas/vapore sono nettamente svantaggiati rispetto ai motori c.i. e alle turbine a gas con forte postcombustione. Questo naturalmente è vero purchè ci sia un utilizzo pieno del calore prodotto. Circostanza che nelle applicazioni civili incentiva ulteriormente l'impiego del calore in esubero per la produzione di freddo nel periodo estivo.
Le tariffe agevolate per gli impianti alimentati da fonti rinnovabili o assimilate si applicano per i primi otto anni e dopo si ritorna ad applicare quelle previste per gli impianti convenzionali. Queste agevolazioni sono poi considerate sostitutive degli altri contributi previsti dalla legge n.10/91.
Gli incentivi appena descritti hanno trovato largo favore. Tanto da provocare un'inaspettata crescita del numero di richieste presentate: oltre mille nei quattro anni seguenti il decreto, per una produzione elettrica complessiva pari ad oltre un terzo del totale esistente oggi nel nostro paese. Quello che doveva essere un modesto incentivo ha quindi invece originato una valanga di richieste capaci di sconvolgere la situazione attuale e che ha colto impreparati gli stessi legislatori. Così si è inoltre rapidamente rivelata insufficiente la copertura finanziaria prevista per il ritiro della sovraproduzione degli autoproduttori ai prezzi di favore fissati per le fonti rinnovabili e assimilate. L'ENEL ha di conseguenza più volte ostacolato o bloccato tale acquisizione. Alla fine si è giunti al decreto n° 44 del 22/2/97 del Ministero dell'Industria che ha dichiarato ufficialmente conclusa la prima fase di incentivazione. Tale decreto limita ad ammettere alle incentivazioni gli impianti già realizzati o in corso di realizzazione o comunque messi in graduatoria prima del 30/06/95.
Una prima riflessione, positiva, riguarda l'inaspettata vitalità di un settore, quello dell'autoproduzione, che nella situazione di monopolio sembrava ristagnare nonchè la conferma della validità della scelta cogenerativa.
E' oggi in atto un ripensamento delle modalità di attuazione delle strategie per lo sviluppo del mercato elettrico nazionale. Nuove strategie in cui un ruolo rilevante dovranno avere la privatizzazione ormai in atto dell'ENEL ma anche le direttive Comunitarie. Fra queste certamente quella che ci impone, per il sistema elettrico, il passaggio da un regime di monopolio alla concorrenza. Ormai fissate e vicine sono poi le scadenze che ci sono state date per la riduzione delle emissioni inquinanti anche mediante un incremento dell'efficienza dei sistemi di produzione energetica certamente conseguibili con l'opzione cogenerativa.
Ritornando alla normativa nazionale vigente, l'installazione di apparecchiature per la produzione combinata di energia elettrica e calore rientra anche fra gli interventi di risparmio energetico previsti dall'art. 8 di

tale legge per il campo dell'edilizia, all'art. 10 per i settori industriale, artigianale e terziario. Norme particolari di concessione di contributi per l'esecuzione di studi di fattibilità e di progetti esecutivi di impianti cogenerativi sono poi previsti all'art. 11. La realizzazione di impianti di teleriscaldamento alimentati da centrali termoelettriche o da calore di recupero di processi industriali possono poi usufruire di contributi in conto capitale fino al 50% del relativo costo. Anche la Comunità Europea può fornire incentivi quali ad esempio la concessione di prestiti a lungo termine a tasso agevolato
L'esperienza passata suggerisce comunque la cautela circa la reale possibilità di usufruire di questi contributi specie quelli nazionali. La loro effettiva erogazione, di norma affidata alle regioni, è legata infatti alla disponibilità dei fondi necessari tutt'altro che scontata.

4.3 Il collegamento con la rete elettrica ENEL

In rapporto con la rete elettrica, il funzionamento dell'impianto di cogenerazione può essere del tipo a isola oppure in parallelo rete. Il funzionamento ad isola consiste nell'isolamento totale dell'utente dalla rete con produzione quindi di tutta l'energia necessaria. E' quindi di solito prevista solo nelle località non servite dalla rete pubblica e quindi di scarso interesse nel nostro paese. La quasi totalità degli impianti cogenerativi è invece collegata in parallelo con la rete ENEL.
Il collegamento alla rete pubblica è disciplinato sul piano giuridico da una convenzione tipo che stabilisce anzitutto che l'allacciamento deve essere conforme alle norme tecniche CEI e alle altre specifiche tecniche emanate dall'ENEL stessa.
E' così possibile programmare i prelievi e le cessioni di elettricità in misura variabile in base agli accordi fra autoproduttore ed ente. Esiste anche la possibilità di un interfaccia mista in cui il sistema cogenerativo in caso di indisponibilità delle rete si isola automaticamente da questa in modo da poter alimentare autonomamente almeno le utenze previlegiate cioè quelle caratterizzata da un'esigenza di continuità di servizio.
I generatori di energia elettrica possono essere di tipo sincrono o asincrono.
La differenza fondamentale tra queste due macchine consiste nel fatto che il generatore sincrono puo' funzionare in isola separata alimentando in tutto o in parte i carichi dell'utenza durante i periodi di caduta della linea ENEL. Viceversa il generatore asincrono, costruttivamente più semplice e più

economico, non può però funzionare in isola separata, perchè necessita di un'eccitazione statorica fornita dalla rete a meno che non venga munito di un sistema di eccitazione autonoma.
Quando si impiegano generatori di tipo asincrono va considerato anche il costo dell'energia reattiva che deve essere fornita dall'ente. In alternativa occorre installare batterie di condensatori per il rifasamento.

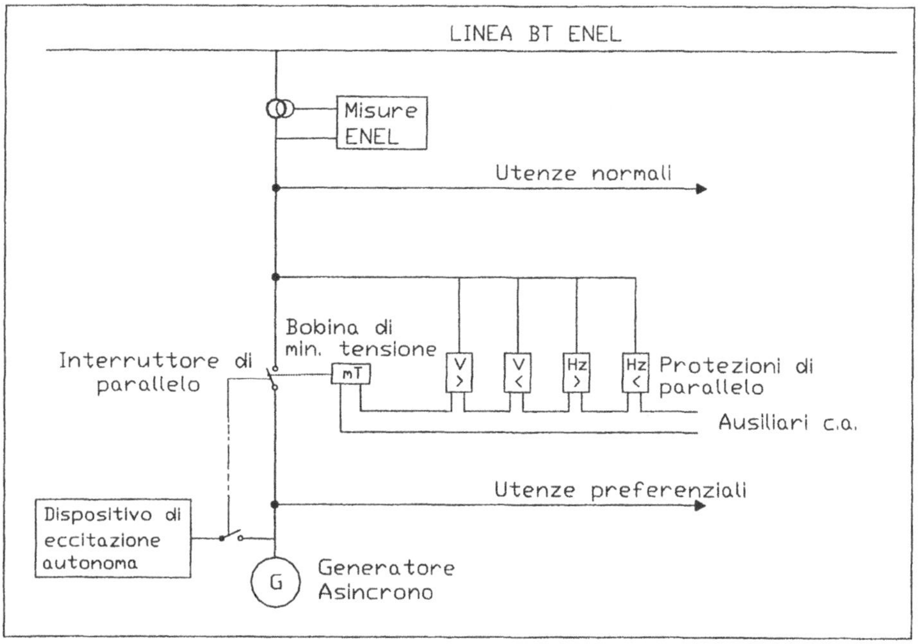

Fig. 4.2 Schema impianto cogenerativo in parallelo con la rete BT ENEL con generatore asincrono autoeccitato.

Il parallelo con la rete è possibile sia in media tensione che in bassa tensione in questo caso non oltre i 50 kW e comunque oltre i 20 kW la concessione resta a discrezione dell'ENEL in base alla capacità della linea BT.
Tutti i generatori devono essere avviati dal motore primo e l'inserzione in rete va effettuata automaticamente una volta a regime e con cadenza successiva nel caso di più generatori. L'ENEL descrive nel dettaglio le protezioni di parallelo che devono essere autonome rispetto agli altri dispositivi di protezione presenti.

A titolo esemplificativo si riporta in fig. 4.2 lo schema elettrico, unifilare e di massima, relativo ad un impianto cogenerativo in parallelo con la rete BT ENEL munito di generatore asincrono autoeccitato.
L'Enel prevede inoltre una serie di servizi offerti ai produttori di energia elettrica. Ciascuno di questi ha un costo regolato dal CIP. In dettaglio si ha la gestione dell'impianto in parallelo con la rete, la possibilità di soccorso dalla rete in caso di blocco dell'impianto, la riserva programmata cioè il ricorso alla fornitura di rete durante la manutenzione programmata.

4.4 La tariffa elettrica

La tariffa elettrica presenta una struttura di tipo binomio. Essa infatti è costituita da un corrispettivo per la potenza impegnata (un costo mensile per ogni kW impegnato) e uno per l'energia effettivamente consumata (un costo per kWh consumato).
Ci sono poi le imposte che gravano sul consumo (L/kWh): imposta erariale, imposte addizionali (comunale, provinciale, erariale). Ad esempio al 1 gennaio 1998 tale imposta totale era di 32,6 L/kWh per i consumi fino a 200.000 kWh/mese e 12,95 L/kWh per i consumi eccedenti. Infine sul costo totale fatturato si ha l'IVA al 19% oppure al 9% per le aziende manifatturiere.
Le varie quote del prezzo totale variano in funzione del tipo di utenza e del livello di tensione di fornitura. In certi casi L'ENEL propone all'utente di scegliere, tra tariffe differenziate, la più conveniente in base al grado di utilizzazione cioè al rapporto tra energia consumata e potenza impegnata.
A partire dal 1980 è stata poi introdotta in Italia la tariffa multioraria che prevede la differenziazione dei corrispettivi per l'impegno e il consumo a seconda della fascia oraria. Attualmente l'applicazione di questa tariffa è obbligatoria per le utenze in alta tensione (cioè superiori ai 50 kV) e per le utenze in media tensione con potenza impegnata superiore ai 400 kW.
Le fasce orarie previste dalla multioraria sono 4 ripartite come riportato in tab. 4.I. Il periodo invernale comprende i mesi da ottobre a marzo. Il periodo estivo da aprile a settembre. Il mese di agosto però viene fatto ricadere completamente nella fascia delle ore vuote.
Anche in questo caso sono previste tariffe diverse in base al grado di utilizzazione. L'utente può così scegliere fra quattro diverse possibilità: bassa, media, alta o altissima utilizzazione.

Fasce orarie	Orario	Giorni	Periodo
1 Ore di punta	8.30-10.30 16.30-18.30	dal lunedì al venerdì	Invernale
2 Ore di alto carico	6.30-8.30 10.30-16.30 18.30-21.30 8.30-12.30	dal lunedì al venerdì dal lunedì al venerdì	Invernale estivo escluso agosto
3 Ore di medio carico	6.30-8.30 12.30-21.30	dal lunedì al venerdì	estivo escluso agosto
4 Ore vuote	0.00-6.30 21.30-24.00 0.00-24.00 0.00-24.00	dal lunedì al venerdi sabato e domenica	 agosto

Tab. 4.I Fasce orarie della tariffa multioraria.

A titolo esemplificativo si riportano in tab. 4.II i corrispettivi per l'impegno e il consumo nelle varie fasce delle tariffe per bassa e altissima utilizzazione. Al crescere del grado di utilizzazione aumenta il costo dell'impegno e cala quello per il consumo. Risulta possibile impegnare in ciascuna fascia una potenza diversa, la quota di impegno pagata in ciascuna fascia è quella eccedente l'impegno pagato nella fascia immediatamente precedente.
Lo scopo è quello di favorire lo spostamento dei consumi elettrici verso orari con minore richiesta in modo da distribuire piu' uniformemente i prelievi elettrici nell'ambito della giornata limitando cosi' anche il rischio di punte eccessive di carico sulle linee nelle ore piu' critiche. Non sempre pero' l'applicazione della multioraria si risolve in vantaggio per l'utente. Nei casi di forti consumi elettrici presenti durante le ore di picco o di alto carico e non trasferibili in altro periodo della giornata la bolletta finale risulta maggiore di quella che avrei applicando la tariffa semplice. Questo è dovuto agli alti costi dell'energia nelle ore di punta. In queste situazioni l'autoproduzione dell'energia elettrica puo' giocare un ruolo decisivo nell'abbattimento dei costi energetici.

Fasce orarie	Potenza impegnata	Bassa util. Costo energia L/kWh	Bassa util. Costo impegno L/kW	Altis.util. Costo energia L/kWh	Altis.util. Costo impegno L/kW
1 Ore di punta	Scaglione fino a 3000 kW	279,1	75480	133,6	289320
2 Ore di alto carico	Eccedenza rispetto fascia 1	243,2	26520	96,9	185040
3 Ore di medio carico	Eccedenza rispetto fascia 2	151,3	9120	79,9	67680
4 Ore vuote	Eccedenza rispetto fascia 3	79,2	2520	68,5	20280

Tab. 4.II Tariffa multioraria per due gradi di utilizzazione nel caso di fornitura in media tensione fino a 50 kV in luoghi diversi da abitazioni (1998).

Occorre infine ricordare che anche l'energia autoconsumata dagli autoproduttori è soggetta ad imposte, erariale e addizionali (comunale, provinciale ed erariale), (in tutto 23,10 L/kWh). Per la produzione eccedente i 200.000 kWh/mese ci si limita ad imposte erariali ridotte (in tutto 4,65 L/kWh).

4.5 Il costo dei combustibili fossili

In base alla legislazione recentemente introdotta, i combustibili utilizzati per la produzione dell'energia elettrica sono normalmente soggetti ad una riduzione delle imposte esistenti. La disciplina fiscale vigente non prevede invece alcun trattamento di favore per la cogenerazione o per la produzione diretta di energia meccanica per l'azionamento di macchine, ad esempio dei compressori di gruppi frigoriferi a compressione di vapore. Si tratta in effetti di una lacuna incomprensibile dato che, in termini energetici, questi processi risultano decisamente piu' vantaggiosi della semplice produzione elettrica. In particolare la produzione di energia meccanica per la movimentazione diretta presenta certamente una maggiore efficienza energetica della produzione di energia elettrica per alimentare successivamente i motori di azionamento delle macchine. In presenza di una produzione contemporanea di energia elettrica e termica risulta quindi poi necessario individuare la quota parte del combustibile utilizzata per la sola produzione elettrica. Solo su questa quota è possibile chiedere lo sgravio fiscale.

Per quanto riguarda il gasolio e gli oli combustibili i prezzi vengono fissati dai singoli venditori e variano anche in base all'entità della fornitura richiesta. Per avere un'indicazione sui prezzi medi si può fare riferimento alle Camere di Commercio delle città più grosse. Per usi di autoproduzione elettrica si ha una riduzione delle imposte di fabbricazione differenziate per i vari tipi di combustibile. Nel caso di impianti cogenerativi lo sgravio fiscale diventa piu' complicato in quanto, come si è già detto, è riferito solo alla quota necessaria per la produzione elettrica. Occorre allora dapprima pagare l'imposta intera all'acquisto del combustibile e solo successivamente chiedere il rimborso all'U.T.F. competente per territorio. E' necessario quindi installare negli impianti dei contatori per l'energia elettrica prodotta. Periodicamente funzionari U.T.F rilevano la produzione di energia elettrica sulla quale viene riconosciuto un consumo di 230 g di olio combustibile o di 221 grammi di gasolio per ogni kWh prodotto. Sull'ammontare di tale consumo si puo' quindi richiedere la restituzione dell'eccedenza di imposta. Volendo farsi riconoscere maggiori consumi specifici si devono realizzare delle prove installando anche dei contatori del combustibile bruciato sulle linee di alimentazione. Tali prove vanno verbalizzate da funzionari U.T.F. i quali così certificano la reale efficienza di produzione degli impianti.

Le forniture di gas metano sono caratterizzate da un sistema tariffario uniforme per l'intero territorio nazionale il cui controllo è affidato al Comitato Interministeriale Prezzi (CIP). La gestione e la distribuzione del gas naturale in Italia è di competenza della SNAM (Società Nazionale Metanodotti) la quale fornisce direttamente il gas alle utenza più grosse, le utenze industriali caratterizzate da un prelievo superiore ai 200.000 m^3/anno, oltre che alle aziende distributrici per le utenze minori dette civili. Il CIP controlla allora direttamente le tariffe finali applicate all'utenza civile mentre si limita alla sola sorveglianza e verifica che i prezzi per le utenze

industriali e le aziende distributrici minori siano fissati in base a criteri coerenti con la politica energetica nazionale.
Per quanto riguarda le tariffe per le forniture industriali queste nascono in base a procedure messe a punto normalmente con accordi stipulati tra la SNAM stessa e le associazioni industriali e imprenditoriali. Vediamo invece più in dettaglio le caratteristiche delle tariffe per usi civili che si applicano cioè a quelle utenze civili e industriali caratterizzate da un prelievo annuo inferiore ai 200.000 m^3/anno di norma erogato dalle aziende distributrici locali. Questa tariffa è di tipo binomio con una quota dovuta per l'impegno alla fornitura che puo' essere fissa mensile indipendentemente dal prelievo di gas oppure proporzionale al consumo. La seconda quota invece è sempre funzione del gas prelevato. Tale prezzo del gas è ottenuto come somma del costo pagato alla SNAM, del costo di distribuzione e delle imposte. Queste ultime si ripartiscono tra un'imposta di consumo, un'addizionale regionale variabile in base alla localizzazione geografica e infine l'imposta sul valore aggiunto (IVA). Le tariffe sono poi differenziate su tre livelli in base al tipo di utenza. A titolo esemplificativo si consideri in tabella 4.III i costi del metano applicati dall'azienda distributrice di Padova (AMAG) nel gennaio 1998.
Il gas utilizzato per la produzione di energia elettrica è defiscalizzato. Nel caso di cogenerazione viene esentata dalle imposte solo una quota del gas, calcolata assumendo un consumo di 0,273 m^3 di gas per ogni kWh prodotto. Questo equivale ad assumere convenzionalmente un'efficienza di produzione della sola energia elettrica costante e pari al 38,2%. Si tratta effettivamente di un valore piuttosto elevato e in linea con quelli dichiarati dall'ENEL per le sue centrali termoelettriche. L'intenzione è anche quella di favorire in misura maggiore gli impianti cogenerativi che realizzano alti rendimenti elettrici in modo da incentivarne la realizzazione.
Fanno infine eccezione le utenze di tipo ospedaliero per le quali i prezzi del gas per usi civili si applicano fino a prelievi pari a 300.000 m^3/anno. Per richieste superiori si applica una tariffazione di tipo diverso ed uniforme su tutto il territorio nazionale. Occorre poi ricordare che mentre le utenze industriali, artigianali e terziarie possono recuperare l'IVA, questo non è pemesso per gli ospedali e quindi tale imposta è in questo caso un costo pieno.
Per incentivare l'impiego del gas naturale anche per la climatizzazione estiva, alcune aziende distributrici concedono sconti tariffari e addirittura contributi a fondo perduto per l'acquisto delle macchine frigorifere. Si tratta di facilitazioni molto importanti che possono determinare una condizione

decisamente favorevole all'installazione di macchine ad assorbimento oppure anche di refrigeratori azionati con motori a gas. Le caratteristiche di questi incentivi sono però molto variabili e vanno, di volta in volta, verificate con le società del gas.

Tipo di utenza	Costo	Imposta di consumo	Addizion. regionale	IVA
T1 Uso domestico	557,8	86	10	10%
T2 Uso riscaldamento individuale con o senza promiscuo fino a 250m^3/anno	471,2	151	38,5	20%
T2 Uso riscaldamento individuale con o senza promiscuo oltre 250 m^3/anno	471,2	332	50	20%
T3a Altri usi compreso riscaldamento centralizzato fino a 50.000 m^3/anno	428,9	332	50	20%
Usi industriali e artigianali sotto i 100.000 m^3/anno	428,9	20	10	20%
T3b Altri usi oltre i 50.000 m^3/anno.	402,9	332	50	20%
T4a Usi industriali e artigianali oltre 100.000 m^3/anno per la quota fino a 100.00 m^3/anno	412,1	20	10	20%
T4b Usi industriali e artigianali oltre 100.000 m^3/anno per la quota oltre i 100.000 m^3/anno	384,5	20	10	20%

4.III Costi del metano (L/m^3) per usi civili (AMAG Padova , gennaio 1998).

Sono poi dichiaratamente facilitazioni a carattere transitorio per permettere una prima diffusione del raffrescamento alimentato col gas. Per questo motivo negli esempi applicativi successi-vamente riportati in questo libro, non sono stati presi in considerazione.

4.6 Il concetto di attualizzazione

La società in cui viviamo è caratterizzata sul versante economico da un sistema finanziario basato sul credito che assegna un diverso valore al denaro in base alla sua effettiva disponibilità. La possibilità di investire il denaro immediatamente disponibile, ottenendone cosi' un utile, lega infatti il valore di una somma all'istante in cui il possessore è in grado realmente di gestirla per farla fruttare al meglio.
Supponiamo ad esempio che io preveda la consegna di una somma di denaro pari a S tra n anni. Questa somma vale senz'altro meno di quanto varrebbe se mi venisse data in questo momento cioè all'istante attuale. Infatti avendo subito la disponibilità di questa somma potrei investirla, ad esempio in titoli di stato od obbligazioni, ricavandone un certo guadagno. Chiamiamo allora i l'interesse annuo medio che suppongo potrei ottenere in n anni da questa somma. Rispetto ad una somma S subito disponibile, la stessa somma ricevuta tra n anni vale:

$$V = \frac{S}{(1+i)^n} \tag{4.3}$$

V viene allora detto valore attuale della somma S dato il tasso di sconto i. Naturalmente se invece la somma è già disponibile in anticipo di n anni il suo valore attuale risulta essere superiore a quello di S perchè nel periodo precedente all'istante di riferimento ha già permesso di conseguire un utile e quindi tale valore attuale V sarà:

$$V = S \cdot (1+i)^n \tag{4.4}$$

Supponiamo ora che per n anni consecutivi ci venga data una rata annua costante pari a S_{anno}, il valore attuale totale V delle n rate risulta allora:

$$V = \frac{S_{anno}}{1+i} + \frac{S_{anno}}{(1+i)^2} + \frac{S_{anno}}{(1+i)^3} + \cdots\cdots\cdots + \frac{S_{anno}}{(1+i)^n} \tag{4.5}$$

Si tratta di una serie geometrica che converge a:

$$V = S_{anno} \frac{1-(1+i)^{-n}}{i} \qquad \text{con } i \neq 0 \qquad (4.6)$$

se i=0 d'altronde il concetto di attualizzazione stessa perde di significato e risulta quindi semplicemente $V = n \cdot S_{anno}$. Questo significherebbe pero' il venir meno del sistema bancario attuale cioè un ritorno ad una realtà economica tipica del mondo antico quando il denaro non potendo spesso essere investito proficuamente veniva tesaurizzato e magari nascosto in ripostigli ritenuti sicuri.
La relazione espressa dalla 4.6 puo' essere usata anche per calcolare la rata annua S_{anno}. che, data per n anni consecutivi, è equivalente alla somma attuale V.

$$S_{anno} = V \frac{i}{1-(1+i)^{-n}} = V \cdot \left(i + \frac{i}{(1+i)^{n}-1}\right) \quad \text{con } i \neq 0 \qquad (4.7)$$

Si tratta proprio della formula utilizzata dalle banche per calcolare la rata annua dovuta in caso di concessione di un prestito (naturalmente la banca utilizza un tasso di sconto i molto favorevole nei suoi riguardi).
Per poter essere pienamente corrette tutte le formule appena introdotte devono tener conto della possibile inflazione cioè della riduzione del valore effettivo del denaro legato al suo potere d'acquisto e quindi all'aumento dei prezzi. Ciò è possibile introducendo una tasso annuo g di inflazione medio negli n anni considerati. Si calcola cosi' un tasso di sconto deflazionato o effettivo i' pari a :

$$i' = \frac{(i-g)}{(1+g)} \quad \text{e quindi} \quad 1+i' = \frac{1+i}{1+g} \qquad (4.8)$$

e si puo' definire una funzione di attualizzazione FVA pari a:

$$FVA(i,g,n) = FVA(i',n) = \frac{1-(1+i')^{-n}}{i'} \quad \text{con } i' \neq 0 \qquad (4.9)$$

tale funzione FVA moltiplicata per la rata S_{anno}. fornisce direttamente il valore attuale V effettivo totale in presenza del tasso di sconto deflazionato i' negli n anni considerati.
Consideriamo ora il caso che ci interessa più direttamente cioè la presenza di un impianto cogenerativo. Utilizzando i costi attuali dell'energia, supponiamo di aver stimato il risparmio annuale R riferito all'onere di gestione conseguito grazie al nostro impianto. Ipotizzando una vita utile dell'impianto pari ad n anni, in realtà in questo arco di tempo si avrà normalmente una variazione (aumento) del costo dell'energia e quindi il risparmio inizialmente previsto va corretto ogni anno in base al tasso annuale di questa variazione. Chiamiamo allora e questo tasso stimato come valore medio sopra il periodo di n anni. Il beneficio annuale ottenuto ad esempio dopo tre anni sarà quindi:

$$R_3 = R \cdot (1+e)^3 \tag{4.10}$$

In presenza di inflazione g occorre deflazionare il tasso di aumento del combustibile ottenendo così il tasso effettivo e':

$$e' = \frac{e-g}{1+g} \tag{4.11}$$

Si osservi che se l'incremento del costo del combustibile segue l'inflazione, il tasso di aumento effettivo e' è nullo. Occorre aggiungere che la variazione del beneficio annuale nel tempo può dipendere anche dal modo in cui variano altri costi quale ad esempio la manutenzione ordinaria la cui incidenza normalmente non è trascurabile nel calcolo di R.
Il beneficio attualizzato totale V relativo al risparmio gestionale R potrà a questo punto essere calcolato in base alle precedenti osservazioni come:

$$V = \frac{R \cdot (1+e')}{1+i'} + \frac{R \cdot (1+e')^2}{(1+i')^2} + \frac{R \cdot (1+e')^3}{(1+i')^3} + \cdots\cdots + \frac{R \cdot (1+e')^n}{(1+i')^n} \tag{4.12}$$

4.7 Il metodo del flusso di cassa scontato

Il problema della valutazione finanziaria della validità dell'investimento richiesto per la realizzazione dell'impianto cogenerativo puo' essere affrontato nella sua forma più generale considerando tutti gli introiti e gli esborsi di denaro che caratterizzano la progettazione, la costruzione e la gestione dell'impianto durante la sua vita utile. La convenienza dell'investimento nasce proprio dalla differenza tra i flussi degli incassi e degli esborsi che possono essere attribuiti appunto ad una ipotetica cassa che gestisca l'operazione finanziaria. Questi flussi di denaro si concretizzano però in momenti diversi e per poter essere confrontati devono essere attualizzati allo stesso istante data la presenza di un tasso di sconto effettivo diverso da zero che, come evidenziato nel precedente paragrafo, valorizza in modo diverso le somme di denaro movimentate in momenti diversi. Si ha così un confronto tra flussi di cassa attualizzati o scontati da cui il nome di metodo del flusso di cassa scontato, nella letteratura tecnica anglosassone Discounted Cash Flow (DCF).

Consideriamo ad esempio lo sviluppo di un impianto di cogenerazione industriale caratterizzato da una fase di progettazione e costruzione di circa 3 anni, una successiva fase di avviamento ad un regime di sfruttamento pieno di 6 anni e una vita utile analizzata pari a 16 anni a partire da fine 1996. Per questa analisi finanziaria scegliamo un tasso annuo medio di sconto deflazionato i'pari al 5% per l'intera periodo. Supponiamo poi un tasso di aumento del costo del combustibile allineato con l'inflazione e quindi il relativo tasso e' deflazionato risulta così uguale a zero.

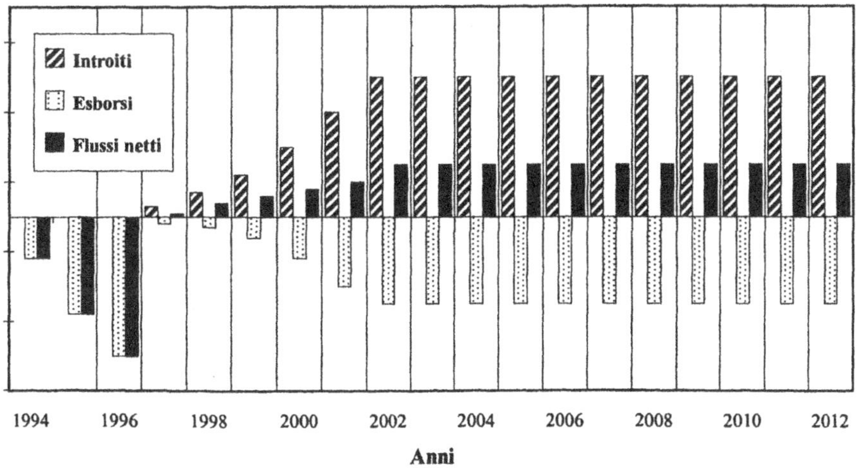

Fig. 4.1 Flussi di cassa annuali per l'impianto cogenerativo considerato.

Si tratta in effetti di valori degli indici finanziari frequentemente utilizzati da aziende di pubblici servizi nei loro studi di fattibilità. Gli stessi tassi sono altresì indicati quale riferimento in vari decreti applicativi dell'attuale legislazione.

In figura 4.1 si riportano, per ciascun anno i-esimo, i costi e i ricavi previsti e per differenza il flusso netto entrante in cassa G_i. Naturalmente i flussi netti precedenti all'entrata in funzione dell'impianto saranno normalmente negativi.

La somma dei flussi netti attualizzati DCF_i all'istante iniziale risulta quindi:

$$\sum_{j=-2}^{16} DCF_j = \sum_{j=-2}^{0} G_j \cdot (1+i')^{-j} + \sum_{j=1}^{16} G_j \cdot (1+i')^{-j} = \sum_{j=-2}^{16} G_j \cdot (1+i')^{-j} \qquad (4.13)$$

Tale somma viene definita valore attuale netto (VAN) oppure a volte anche risultato economico attualizzato (REA) dell'investimento nel periodo considerato. L'equivalente definizione nella letteratura tecnica anglosassone è net positive value (NPV).

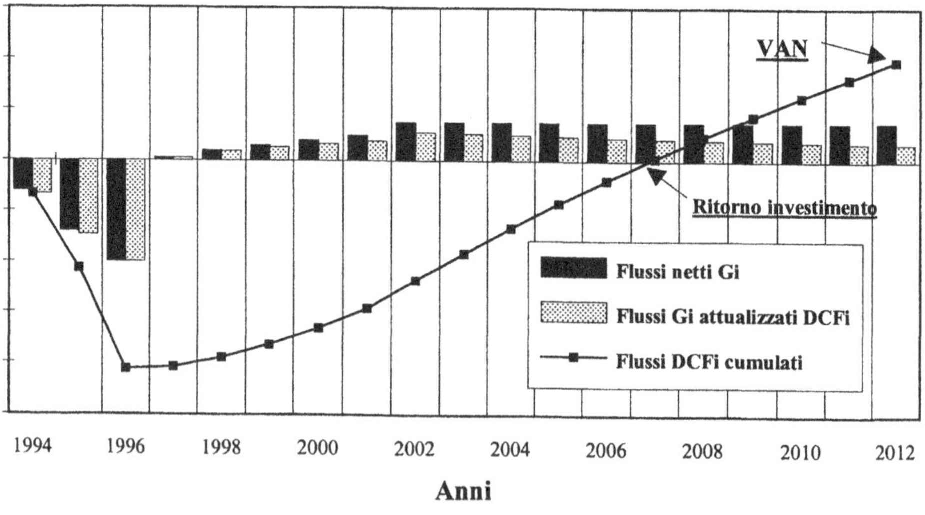

Fig. 4.2 Flussi netti e attualizzati per l'impianto cogenerativo considerato. Il cumulo dei flussi attualizzati fornisce il tempo di ritorno e il VAN globale.

E' naturalmente possibile calcolare il VAN in modo progressivo cioè cumulando via via i flussi netti attualizzati col passare degli anni. Questo è particolarmente utile per individuare l'anno in cui il VAN progressivo si annulla. E' questo il momento in cui si realizza il completo ritorno dell'investimento iniziale che assume quindi, come vedremo, grande importanza per il finanziatore dell'impianto cogenerativo. In fig. 4.2 si riportano, per il caso considerato, i flussi netti annuali e attualizzati e il loro progressivo cumulo che porge il tempo di ritorno dell'investimento oltre che, al termine, il VAN sull'intero periodo considerato.
In molti casi applicativi puo' naturalmente verificarsi che la spesa iniziale si concretizzi in un periodo molto ridotto. E' quindi possibile attribuire l'intero investimento iniziale all'istante zero. Detto I tale investimento e n il periodo di vita utile potrò quindi scrivere il VAN come:

$$VAN = \sum_{j=1}^{n} DCF_j - I \tag{4.14}$$

Nella scelta tra varie possibile alternative progettuali è spesso fondamentale il confronto tra i diversi risultati economici ottenibili a fronte pero' di differenti impegni di investimento iniziale. Si utilizzano allora degli indici economici piu' completi per verificare il diverso grado di convenienza economica delle varie possibili soluzioni impiantistiche che si possono presentare.
Fra questi si ha l'indice di profitto IP definito come rapporto tra la somma dei flussi di cassa lordi attualizzati e il valore attuale degli investimenti. Nel caso frequente in cui l'intero investimento sia riferibile all'istante iniziale esso si esprime come:

$$IP = \frac{\sum_{j=1}^{n} DCF_j}{I} = \frac{VAN + I}{I} = 1 + \frac{VAN}{I} \tag{4.15}$$

oppure piu' semplicemente si puo' usare la redditività dell'investimento (RI) pari a:

$$RI = \frac{VAN}{I} \tag{4.16}$$

Altro criterio di valutazione è il cosiddetto tasso di redditività (TR) nella dizione anglosassone return of investement (ROI), definito come rapporto tra l'utile medio annuale e l'investimento iniziale. L'utile medio annuale è definito come la differenza tra il risparmio annuale medio R e la quota di ammortamento della spesa iniziale, già in precedenza indicata con S_{anno}.

$$TR = \frac{R - S_{anno}}{I} \tag{4.17}$$

La notevole sofisticazione permessa dal metodo del flusso di cassa scontato non deve però alimentare eccessive illusioni. L'affidabilità è infatti basata sulla capacità, solo presunta, di poter prevedere gli andamenti a lungo termine dei vari parametri finanziari oltre che dell'entità di costi e ricavi. La sostanziale insicurezza del metodo consiglia quindi da un lato l'impiego di valori assolutamente prudenziali e dimostra pure l'inutilità di ricorrere a previsioni eccessivamente dettagliate. Ad esempio in genere la contabilizzazione dei flussi di cassa, in modo indipendente anno dopo anno, in periodi di gestione in cui non si prevedano significative differenze rende solo più complicata l'analisi, ma difficilmente, dato il livello di approssimazione generale, è in grado di fornire risultati più precisi. Meglio allora stimare un flusso di cassa annuale medio che permette un uso più agevole del metodo.

4.8 Il tempo di ritorno dell'investimento

Si è visto come il metodo del flusso di cassa attualizzato sia in grado, tra l'altro, di fornire il tempo necessario affinchè l'investitore riacquisti il capitale impegnato nel suo pieno valore iniziale cioè anche tenendo conto dell'utile conseguibile con un investimento alternativo a parità di tasso di sconto medio nell'arco temporale considerato. Si tratta quindi del periodo in cui chi investe il suo denaro nell'impianto cogenerativo si espone al rischio di subire delle perdite finanziarie nel caso in cui la realtà si dimostrasse peggiore di quanto previsto. Esso prende il nome di tempo di ritorno attualizzato (TRA) o nella dizione anglosassone discounted pay-back (DPB) e risulta evidentemente della massima importanza ai fini della scelta a favore dell'opzione cogenerativa. Infatti un rapido ritorno del capitale puo' offrire, per lo meno a priori, termini piu' sicuri per l'investimento. Occorre ricordare che l'analisi costi-benefici fornisce solo una promessa di profitto

quantificata in base alle previsioni estese su un certo arco di tempo. L'attendibilità di queste previsioni è in genere decrescente quanto maggiore è il periodo considerato. Pertanto un TRA modesto permette di limitare il periodo in cui è assolutamente necessario che le condizioni reali non smentiscano le previsioni determinando il fallimento dell'operazione economico-finanziaria connessa con la scelta cogenerativa. Superata tale fase l'investimento è comunque ripagato qualunque siano gli accadimenti.
Ne consegue una netta tendenza a previlegiare gli investimenti che presentano tempi di ritorno limitati, tanto piu' forte nei momenti e nelle nazioni caratterizzati da maggiore instabilità economica. La disposizione al rischio è poi legata alle caratteristiche dell'utenza. Nel nostro paese si va così mediamente dai 6 ai 10 anni per gli enti pubblici o anche oltre in base a valutazioni che possono non essere unicamente economiche, ma anche sociali ed ambientali. Viceversa per i privati i TRA normalmente proponibili si riducono a 3-6 anni ed anche meno per la microcogenerazione (2-3 anni).
E' possibile calcolare rapidamente il TRA nel caso si assuma un risparmio annuo R, attualizzabile con la 4.10, a fronte dell'investimento iniziale I. Il beneficio attuale totale V valutato nel TRA coincide allora per definizione con l'investimento I.
In base alla 4.12 e nelle stesse ipotesi, risulta che:

$$I = R \cdot FVA(i',e',n) = R \cdot FVA(d',n) = R \cdot \frac{1-(1+d')^{-TRA}}{d'} \tag{4.18}$$

con $d' \subseteq \frac{i'-e'}{1+e'}$

si ottiene quindi:

$$TRA = -\frac{\ln(1-\frac{d' \cdot I}{R})}{\ln(1+d')} \qquad \text{purchè} \quad d' < \frac{R}{I} \tag{4.19}$$

Proprio nei casi in cui si preveda che il ritorno si concretizzi in pochi anni, si puo' allora pensare di semplificare l'analisi abbandonando l'attualizzazione. Il rapporto tra l'investimento I e il risparmio R fornisce allora immediatamente il tempo di ritorno semplice (TRS), nella dizione

anglosassone simple pay-back (SPB). Si tratta di una stima immediata ed efficace della proponibilità dell'impianto anche se non attualizza i costi e i ricavi distribuiti nel tempo.
Al termine di queste considerazioni sull'importanza del tempo di ritorno occorre pero' sottolineare anche i limiti di questo indice finanziario. Infatti esso non considera assolutamente i vantaggi conseguibili nell'intero arco di vita utile dell'impianto e quindi anche oltre il tempo di recupero. Questi ulteriori profitti possono invece essere molto rilevanti e quindi a volte tali da spingere verso un investimento a piu' lungo termine, ma anche più remunerativo. Una corretta decisione finale, in termini economico-finanziari, è quindi di norma un compromesso tra la ricerca della massima remunerazione del capitale e la limitazione del rischio connesso all'esborso iniziale.

4.9 L'analisi di sensibilità

Dato che tutti i metodi di analisi finanziaria risultano incerti, è giustificata l'esigenza dell'investitore di conoscere entro quali limiti la realtà puo' dimostrarsi diversa dalla previsione senza che questo comporti una perdita finanziaria. E' richiesta quindi un'analisi della sensibilità del valore attuale netto (VAN) rispetto alla variazione di un parametro finanziario rispetto al valore inizialmente previsto. In particolare risulterà di fondamentale importanza individuare il valore limite del parametro per cui il VAN si annulla che rappresenta quindi il limite del campo di convenienza dell'investimento. A tale scopo si introduce il concetto di tasso interno di redditività TIR, nella dizione anglosassone internal rate of return (IRR), definito come il tasso di attualizzazione per cui risulta un VAN uguale a zero a parità di altre ipotesi. Affinchè l'investimento sia proficuo il tasso di sconto effettivo i' dovrà risultare non superiore al TIR e naturalmente quanto maggiore è la differenza tra il tasso i' previsto e il TIR, tanto minore sarà il grado di rischio legato ad una stima approssimata di i'.
Il metodo dell'analisi di sensibilità si basa proprio sull'utilizzo del tasso interno di redditività. Esso consiste nell'individuare quei parametri che piu' influenzano il risultato economico dell'investimento e che piu' sono soggetti al pericolo di una previsione imprecisa. In funzione di ciascuno di essi si calcola allora l'andamento del TIR a parità di altre assunzioni. E' cosi' possibile individuare il valore limite del parametro nell'ambito della

convenienza dell'impianto che corrisponde ad un TIR così calcolato pari al tasso di sconto i'.

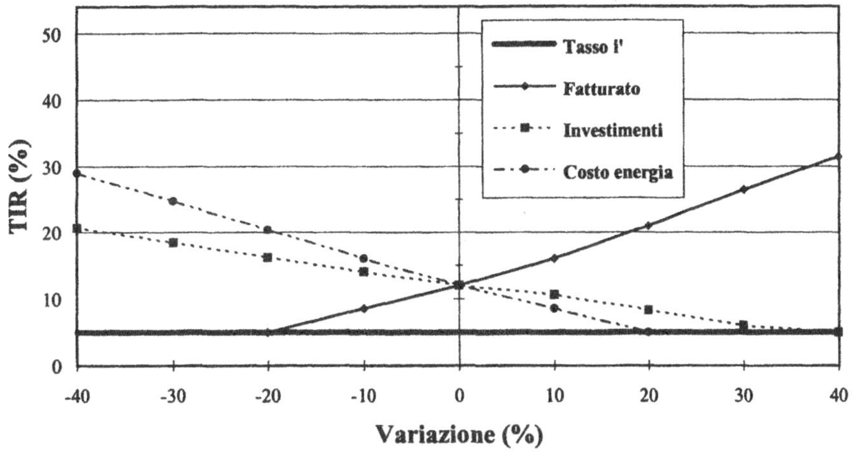

Fig. 4.3 Andamento del TIR al variare di alcuni parametri progettuali.

Vediamo un esempio nell'ambito di uno studio di fattibilità di teleriscaldamento urbano. In base alle assunzioni progettuali si supponga di aver valutato un TIR pari al 12% decisamente superiore al tasso di sconto i' pari al 5%. In questo caso i parametri considerati dall'analisi di sensibilità risultano tre e precisamente: il costo di produzione del calore, il fatturato legato al volume di utenza, la spesa di investimento.
In fig. 4.3 si riportano allora gli andamenti dei TIR ottenuti al variare di ciascuno di questi tre parametri. Per ciascuna di queste curve l'ascissa corrispondente ad un TIR pari a i' porge il limite del campo di variabilità cercato. Si osservi come l'impianto permette un'ampia variabilità ai parametri analizzati mantenendo nel contempo la sua redditività. Si tratta quindi di un investimento relativamente sicuro nei riguardi delle grandezze analizzate. Se viceversa i valori limite risultano vicini a quelli previsti in sede di progetto, allora il rischio è elevato e il progetto va probabilmente abbandonato. L'analisi di sensibilità puo' essere effettuata combinando contemporaneamente gli effetti di piu' variazioni. Per esempio in questo caso si può stimare l'andamento del TIR, in presenza di un certo

scostamento fisso del costo di produzione del calore rispetto al valore di progetto, al variare degli investimenti.

CAPITOLO V

APPLICAZIONI DELLA COGENERAZIONE

5.1 Lo studio di fattibilità

I motori primi, i componenti accessori presenti sul mercato e la stessa tecnologia dei sistemi cogenerativi hanno ormai maturato un sufficiente sviluppo e un'alta affidabilità che ne consentono di affrontare la progettazione e la gestione senza particolari sorprese.
Non essendoci quindi di solito problemi di natura tecnica insormontabili o particolarmente difficili, la fattibilità della cogenerazione si gioca soprattutto in base a considerazioni di ordine economico e finanziario. Occorre cioè scegliere una tipologia ed una taglia di impianto che permettano di giustificare la convenienza dell'esborso iniziale richiesto a fronte dei successivi profitti. La progettazione dovrà quindi soprattutto dedicarsi all'ottimizzazione del sistema cioè alla ricerca di una soluzione tecnica che permetta di sfruttare in pieno i benefici insiti nella cogenerazione limitando per quanto possibile i relativi costi.
In presenza di una forte variabilità dei fabbisogni, difficilmente il gruppo cogenerativo sarà dimensionato per soddisfare le punte della domanda e questo sia per non incorrere nelle penalizzazioni legate al minor rendimento delle macchine ai carichi parziali e sia per non allungare i tempi di ritorno dell'investimento.
Si dovranno quindi anzitutto conoscere, o prevedere con sufficiente precisione, gli andamenti dei fabbisogni elettrici e termici del particolare contesto applicativo considerato e soprattutto la loro distribuzione temporale. Si tratta cioè di quantificare in modo preciso in quale misura si verifica la contemporaneità dei carichi che è una condizione normalmente imprescindibile per un completo sfruttamento dell'opportunità cogenerativa.
Come già accennato, nelle applicazioni industriali la previsione dei fabbisogni di energia elettrica e termica è strettamente connessa alla pianificazione della produzione dell'azienda e non comporta quindi particolari difficoltà aggiuntive.
Ben diversa è invece la situazione quando si considerino i fabbisogni dovuti alla climatizzazione e ai carichi connessi con la presenza umana e la sua

attività all'interno di edifici. La progettazione della cogenerazione in campo civile risulta complicata dall'estrema variabilità dei carichi e dei fattori umani e climatici che li determinano.
Per gli edifici esistenti naturalmente questa analisi può agevolmente basarsi sul monitoraggio degli impianti esistenti a cui si aggiunge la verifica dei consumi a consuntivo dedotta dalle bollette pagate per i combustibili e per l'energia elettrica nel periodo già trascorso.
Per gli edifici nuovi o profondamente ristrutturati occorre invece formulare una previsione dettagliata. Per le applicazioni più tipiche il ricorso a dati relativi ad edifici analoghi risulta indubbiamente di grande aiuto sia per una prima stima di massima e sia anche per formulare le ipotesi progettuali da utilizzare poi per previsioni piu' accurate.
I metodi, oggi più completi e affidabili, si basano però sulla simulazione dinamica del comportamento del sistema edificio-impianto a fronte di dati meteorologici reali disaggregati. Ad ogni passo della simulazione vengono così calcolati i fabbisogni dell'edificio e le prestazioni delle macchine che costituiscono l'impianto che interagisce con l'edificio stesso. L'analisi viene di norma estesa a periodi sufficientemente lunghi, almeno un anno. Per la valutazione dei carichi frigoriferi e termici dei locali si usano metodologie piuttosto sofisticate che considerano gli effetti delle condizioni meteorologiche esterne e dei carichi interni in base alle caratteristiche dell'involucro edilizio e all'inerzia termica della struttura. Le prestazioni del impianto vengono valutate considerandone le condizioni di funzionamento medie nell'ambito del passo di simulazione scelto. Tali prestazioni sono normalmente ottenute in base alle curve caratteristiche delle macchine.
Naturalmente quanto più piccolo è l'intervallo del singolo passo di simulazione tanto maggiore è la precisione, ma tanto piu' laborioso il calcolo. Un buon compromesso normalmente accettato è quello di eseguire la simulazione su base oraria. L'uso dei programmi di simulazione dinamica, da tempo disponibili, è stato però a lungo praticamente riservato ad istituti di ricerca dato che la loro complessità richiedeva la presenza di personale altamente specializzato e l'impiego di elaboratori elettronici di grande potenza. Lo sviluppo odierno dei calcolatori personali oltre allo sforzo di rendere sempre più semplice l'impiego di questi strumenti di calcolo permette oggi di utilizzare la simulazione dinamica anche nell'ambito della progettazione più tradizionale. Molti sono i codici di calcolo commercializzati per questo scopo. Tra questi i più noti a livello internazionale, per la loro affidabilità e precisione, sono il BLAST, il DOE e il TRNSYS. Il DOE (Department of Energy) è stato elaborato per conto del

Dipartimento dell'Energia e attualmente del suo sviluppo è responsabile il Lawrence Berkeley Laboratory presso l'Università della California. Esso si basa per la simulazione dell'edificio sulla tecnica delle funzioni di trasferimento, introdotta dall'American Society of Heating, Refrigerating and Air-Conditioning Engineers (ASHRAE). Il BLAST (Building Load Analysis & System Thermodynamics) è attualmente gestito dal Dipartimento di Energia Meccanica dell'Università dell'Illinois a Urbana-Champaign e utilizza invece il metodo del bilancio termico globale. Il TRNSYS (Transient System Simulation) era stato inizialmente elaborato dall'Università del Wisconsin per lo studio delle applicazioni dell'energia solare. Data la sua notevole flessibilità di impiego è stato però successivamente migliorato per la simulazione dinamica del sistema edificio impianto. Tale programma utilizza un approccio intermedio rispetto agli altri due programmi.
Ciascun codice di calcolo è oggi corredato di algoritmi per la simulazione di un gran numero di possibili impianti che il progettista potrebbe voler installare a servizio dell'edificio. Fra questi particolamente significativa la presenza accanto ai componenti più diffusi, anche di quelli più innovativi, quali accumuli termici, sistemi essiccanti, pompe di calore endotermiche e sistemi cogenerativi.
La maggiore difficoltà puo' essere a questo punto determinata dalla necessità di reperire dati climatici reali in forma disaggregata per un arco di tempo sufficientemente significativo per una determinata località. La situazione ottimale consiste nella disponibilità dei dati relativi ad un intero anno che possa essere rappresentativo delle condizioni medie in una determinata località. Questo anno di riferimento dovrebbe cioè essere ottenuto in base alle medie valutate su un arco di tempo più lungo, almeno dieci anni. E' evidente la difficoltà odierna al reperimento di un simile anno per un gran numero di località del nostro paese. Proprio per questo motivo è in atto un'iniziativa della comunità Europea allo scopo di giungere all'elaborazione di anni di riferimento, detti test reference years (TRY), da utilizzare per la progettazione per varie località sufficientemente distribuite nei territori degli stati membri. Sono così già disponibili anche i TRY relativi ad alcune città italiane. Per molte altre zone del nostro paese è possibile riferirsi ai dati forniti da pubblicazioni del Consiglio Nazionale delle Ricerche (CNR) dove è possibile trovare i dati climatici necessari relativi ai giorni medi mensili. Per giorno medio mensile si intende un giorno fittizio ritenuto pero' rappresentativo dell'intero mese poichè i suoi dati meteorologici sono stati ottenuti mediando i dati nei singoli giorni di quel mese. Per una località si

hanno così dodici giorni medi rappresentativi delle condizioni meteorologiche dell'intero anno. Si tratta così di una notevole semplificazione dell'impegno di calcolo, non esente però da approssimazioni e va quindi usata con le dovute cautele. L'uso della media infatti inevitabilmente livella i picchi presenti impedendo una valutazione precisa nelle condizioni di carico massimo e può dare indicazione errate anche nelle mezze stagioni quando l'informazione relativa alla presenza di carichi molto limitati e temporanei può praticamente scomparire nella media mensile.
Il confronto tra i risultati ottenuti dalla simulazione utilizzando dati climatici reali disaggregati e di quelli invece ricavati con i giorni medi mensili, fornisce però una sostanziale coincidenza nelle simulazioni a lungo termine. L'impiego del giorno medio mensile risulta quindi molto frequente anche perchè di norma gli andamenti giornalieri degli altri consumi energetici, per usi diversi dalla climatizzazione, vengono pure stimati su base media distinguendo al più tra giorni molto diversi tra loro, ad esempio tra giorno feriale o festivo.
Sempre nell'ambito della simulazione dinamica, ma alla ricerca di procedure più semplici sono state elaborate e sviluppate varie metodologie di più agevole impiego anche se piu' grossolane. In particolare proprio il gruppo di lavoro coordinato da ASHRAE ha proposto il metodo TETD/TA nel 1967 e il CLTD/CLF nel 1977. Questi sono implementati ormai in molti programmi di calcolo disponibili sul mercato e quindi utilizzabili per una valutazione che si riferisca ai giorni medi mensili.
Proprio a causa dell'improponibilità dei vecchi metodi di simulazione più sofististicati nel caso di applicazioni professionali, sono stati proposti in passato anche metodi di analisi ancora piu' semplificati per valutare le prestazioni del sistema edificio impianto.
Fra questi grande diffusione ha incontrato il cosiddetto Bin Method o metodo delle frequenze di accadimento.
Tale metodo si basa anzitutto su una valutazione, in regime stazionario stabilizzato, del carico termico di un edificio come funzione della temperatura esterna a parità di altre condizioni. Si tratta di una procedura che fornisce una stima grossolana, ma a volte accettabile in prima istanza, soprattutto con riferimento alla sola stagione invernale. Trascurando le sorgenti interne di calore e gli apporti solari, è infatti possibile esprimere la potenza termica q, dovuta alle trasmissioni attraverso l'involucro edilizio e alla ventilazione naturale o forzata degli ambienti, come funzione della sola differenza tra la temperatura interna e quella esterna e, fissata la temperatura interna di progetto, in funzione solo di quella esterna.

$$q = \sum_i^n K_i S_i \cdot (ta - te) + \sum_j^k n_J \cdot V_j \cdot cp \cdot (ta - te) = (\sum_i^n K_i S_i + \sum_j^k n_J \cdot V_j \cdot cp) \cdot (ta - te)$$

dove:
$K_i S_i$ è la singola trasmittanza dell'involucro edilizio
n_j è il ricambio d'aria orario relativo al volume Vj
ta è la temperatura interna (di solito 20°C) e te quella esterna.
In presenza di apporti gratuiti da sorgenti interne rilevanti è possibile considerarne un valore medio. Per quanto riguarda la radiazione solare si è tentata una modifica del metodo per correlare il suo apporto con la temperatura esterna. Spesso i risultati così ottenuti non sono però più precisi. A questo punto il Bin method richiede la disponibilità delle frequenze orarie della temperatura esterna in una certa località durante il periodo di funzionamento dell'impianto di climatizzazione dell'edificio.

Banda (°C)	Tmedia (°C)	Frequenze (h/mese)	Potenza (kW)	Fabbisogno (GJ)
-6÷-4	-5	8	2300	66,24
-4÷-2	-3	73	2116	556,08
-2÷-0	-1	106	1932	737,25
0÷2	1	112	1748	704,79
2÷4	3	160	1564	900,86
4÷6	5	127	1380	630,94
6÷8	7	110	1196	473,62
8÷10	9	37	1012	134,80
10÷12	11	6	828	17,88

Tab. 5.I Applicazione del Bin method per valutare il fabbisogno per il riscaldamento di un edificio in gennaio a Venezia.

In questo caso è possibile suddividere il campo di variabilità della temperatura esterna in un certo numero di intervalli ad ampiezza costante (ad esempio 2°C), attribuendo poi a ciascun intervallo un numero pari alla frequenza oraria con cui la temperatura esterna ricade in questo intervallo durante il periodo considerato. Per la temperatura centrale dell'intervallo è allora possibile calcolare la potenza termica q. Moltiplicando tali dati per le ore di accadimento si ottengono i relativi valori integrati su tutta la stagione di riscaldamento relativamente a tale intervallo. In tab. 5.I è riportato un esempio di applicazione del metodo per il calcolo del carico di riscaldamento nel mese di gennaio a Venezia per un edificio di grandi dimensioni. caratterizzato da $\sum_i^n K_i S_i + \sum_j^k n_J \cdot V_j \cdot cp = 92 \;\; \mathrm{kW/°C}$.

Stimato il carico elettrico contemporaneo e ipotizzato il tipo e la taglia del sistema cogenerativo, è possibile così verificare le frazioni dei due fabbisogni che possono venire contemporaneamente soddisfatte.

Oltre alla difficoltà di una valutazione sufficientemente corretta dei fabbisogni specie per il condizionamento estivo quando presente, un altro limite del metodo è la distribuzione dei carichi ottenuta, che risulta assolutamente disaggregata rispetto al tempo. Non si conosce quindi l'andamento temporale dei carichi termici nell'ambito delle giornate nei vari periodi dell'anno e di conseguenza neppure l'andamento della produzione elettrica conseguente ad una cogenerazione correttamente gestita in base anche al contemporaneo fabbisogno termico. In questo caso il metodo risulta quindi inapplicabile in presenza di tariffa elettrica multioraria in quanto non è allora possibile stimare in modo accettabile i costi dell'energia elettrica evitati grazie al sistema cogenerativo.

Vedremo ora nel seguito le applicazioni piu' tipiche della cogenerazione con particolare riguardo al campo civile applicando qui, a titolo esemplificativo, i metodi di valutazione appena introdotti.

5.2 Applicazioni industriali

In campo industriale la cogenerazione di potenza medio-bassa (da 100 kW a 2 MW) trova applicazione essenzialmente nell'ambito di aziende caratterizzate da condizioni ben precise. Anzitutto i costi dell' energia elettrica elevati a causa di contratti di bassa o media utilizzazione oppure perchè, in presenza di tariffa multioraria, ci sono forti prelievi nelle fasce orarie più onerose. Sono poi solitamente presenti processi di produzione con elevati consumi termici magari prevalentemente a bassa temperatura che facilitano così l'impiego di motori endotermici più adatti per le realizzazioni di minore potenza. Gli impianti con potenze superiori impiegano invece turbine a gas o vapore e sono normalmente di interesse di realtà industriali più significative oppure di consorzi di imprese minori il cui scopo è proprio quello di abbattere mediante un' economia di scala i costi fissi dell'impianto.

Particolamente interessante ed ancora aperto a continue e significative innovazioni, è anche in campo industriale, l'uso di residui di lavorazione o di rifiuti urbani ed industriali come combustibili.

5.3 Il teleriscaldamento

Il teleriscaldamento consiste nella produzione e distribuzione anche a notevole distanza di energia termica che puo' essere così fornita ad utenze tra loro del tutto indipendenti. Questa tecnologia ha avuto un considerevole sviluppo in molte nazioni con clima particolarmente rigido nell'ambito del riscaldamento urbano. In Italia ha iniziato a diffondersi più recentemente soprattutto ad opera delle aziende municipalizzate che distribuiscono nelle città l'acqua, l'elettricità e il gas. La cogenerazione in questo caso è la soluzione più spontanea per una produzione di energia caratterizzata dalla massima efficienza possibile. La diffusione del teleriscaldamento avviene piuttosto lentamente essenzialmente ad opera di impianti di modeste dimensioni che servono aree limitate a pochi quartieri e che possono quindi essere considerati come degli episodi di una strategia globale ancora agli inizi.

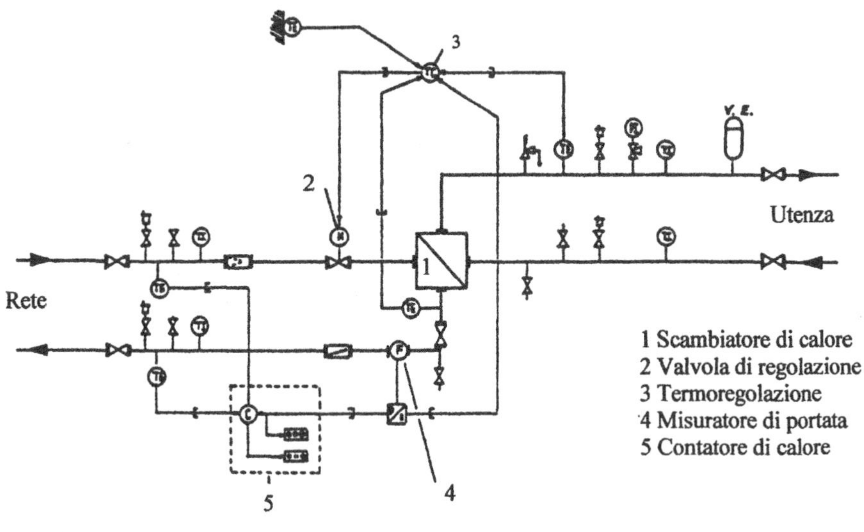

Fig. 5.1 Schema di una tipica sottocentrale di utenza.

La distribuzione del calore avviene attraverso una rete di tubazioni di andata e ritorno che collega la centrale di produzione con gli utenti. Normalmente viene realizzata una separazione fisica netta tra la rete pubblica e l'utenza privata mediante l'inserimento di uno scambiatore di calore per motivi di funzionalità, sicurezza e anche igiene. In fig. 5.1 è riportato lo schema di una tipica sottocentrale di utenza. Questa è dotata di un sistema di contabilizzazione dell'energia termica ceduta. Possono inoltre essere presenti, come avviene nelle centrali termiche, regolatori della temperatura di mandata dell'acqua all'utenza asserviti alla temperatura esterna.
La rete di distribuzione è normalmente sotteranea, interrata o in cunicolo e naturalmente adeguatamente coibentata.
Essa puo' assumere forme di tipo diverso. In fig. 5.2 sono riportati i tre tipi fondamentali: la rete ramificata, ad anello e a maglie. Naturalmente al crescere della complessità aumenta la sicurezza di servire l'utente anche in caso di interruzione in un punto della rete, ma cresce anche il costo. Di solito la scelta è basata sulla densità delle utenze. Così la rete a maglie è riservata di norma alle zone più affollate.
I salti termici utilizzati nel primario dipendono dai motori primi utilizzati. Con motori a combustione interna si opera con mandate a 85-90°C e ritorni 65-70°C. Con i turbogas e le turbine a vapore si possono usare livelli più alti ad esempio acqua pressurizzata ad una temperatura di circa 120°C con ritorno a 65-70°C. In quest'ultimo caso si può convenientemente pensare anche ad un utilizzo estivo. La produzione del freddo può essere centralizzata mediante l'uso di macchine ad assorbimento, munite di torri evaporative per lo smaltimento del calore, in grado di operare con elevate rese. In questo caso si tratta di prevedere pero' anche una rete di trasporto per l'acqua refrigerate. Oppure il calore ad alta temperatura puo' alimentare gruppi ad assorbimento monostadio locali. In entrambi i casi sarà ora conveniente spillare direttamente il fluido vettore dal circuito primario per evitare penalizzazioni legate al salto termico nello scambiatore.
La progettazione della centrale di teleriscaldamento opta ancora una volta per soluzioni che permettono di ottimizzare l'utilizzo pieno dell' energia prodotta nelle due forme in gran parte dell'anno.
Consideriamo allora lo studio di fattibilità in un frequente contesto applicativo. Si tratta della realizzazione da parte di un'azienda municipalizzata dell'impianto di cogenerazione a servizio di un quartiere di

nuova costruzione in cui quindi la rete di teleriscaldamento può essere realizzata nella fase di urbanizzazione dell'area.

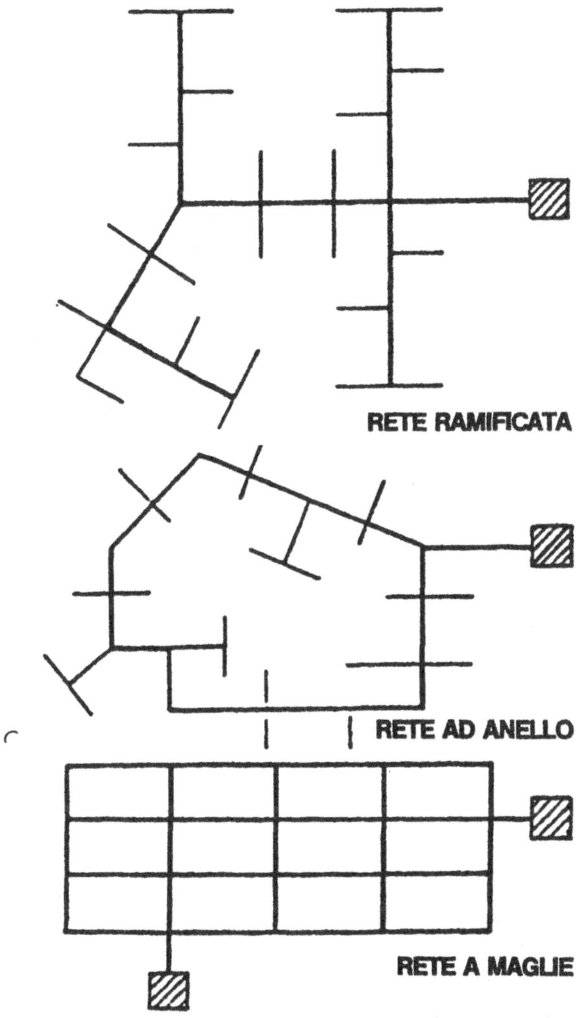

Fig. 5.2 I principali tipi di rete per il teleriscaldamento

La previsione sia quella di distribuire direttamente in ambito urbano tutta l'energia elettrica prodotta. Inoltre date le dimensioni contenute dell'intervento, si supponga di essere già orientati verso l'impiego di motori a combustione interna. Tenendo allora anche conto dell'efficienze non particolarmente elevate di produzione elettrica, sarà conveniente pensare ad un funzionamento cogenerativo legato alla domanda termica. Dato il suo basso livello termico, l'utilizzo del calore sarà d'altronde limitato al riscaldamento degli ambienti e alla produzione di acqua calda sanitaria e sarà quindi concentrato soprattutto durante la stagione invernale. Per la valutazione dei fabbisogni energetici che possono essere soddisfatti dall'impianto si può in questo caso utilizzare il Bin method con un sufficiente grado di precisione. Infatti la conoscenza delle frequenze orarie di accadimento della temperatura esterna permettono di stimare le frequenze dei fabbisogni termici per il riscaldamento in base alle caratteristiche medie degli edifici previsti. E' possibile cosi' conoscere per una certa taglia di motore primo l'energia termica che può essere prodotta per soddisfare l'utenza e la conseguente energia elettrica resa disponibile. Facendo riferimento ai dati meteorologici di un anno medio si hanno così le previsioni di funzionamento dell'impianto che permettono una valutazione dei benefici economici.

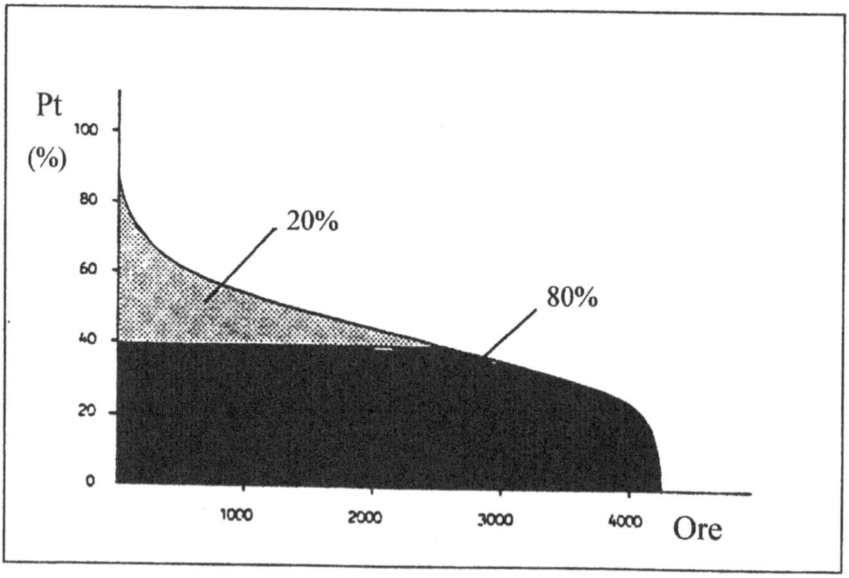

Fig. 5.3 Curva cumulata delle frequenze orarie della potenza termica richiesta Pt espressa come percentuale del carico di picco.

La valutazione economica finanziaria di questo tipo di installazione porta di norma a preferire centrali di cogenerazione la cui potenza termica massima

risulta decisamente inferiore al picco previsto per il fabbisogno termico per il riscaldamento. Si consideri in fig. 5.3 la tipica curva delle frequenze cumulate delle potenze richieste per il riscaldamento espresse come percentuale del valore di picco durante la stagione invernale in una certa località. Tale curva di frequenza è assolutamente analoga a quella relativa alla temperatura esterna. Risulta che in gran parte della stagione di riscaldamento il carico è decisamente inferiore a quello di picco. L'integrazione della curva fornisce la frazione dell'energia, pertanto circa 80% del fabbisogno richiesto è caratterizzato da una potenza richiesta inferiore al 40% del picco massimo.
E' quindi evidente la chiara convenienza a dimensionare l'impianto cogenerativo in modo decisamente contenuto rispetto al picco massimo, assegnando a generatori di calore di tipo tradizionale, decisamente più economici, il compito di coprire le punte di carico.

5.4 Gli ospedali

Una struttura ospedaliera moderna può a tutti gli effetti essere considerata alla stregua di un'azienda industriale caratterizzata da forti consumi energetici. Si tratta quindi di una realtà favorevole per l'installazione di un impianto cogenerativo di potenza medio-alta.
Lo studio di fattibilità dell'impianto deve anche in questo caso individuare nella prima fase i consumi elettrici e termici presenti nel complesso ospedaliero.
Per quanto riguarda il fabbisogno termico occorre ricordare che l'ospedale è una delle poche utenze civili in cui è richiesta di solito anche la produzione di vapore. Questo vapore è infatti necessario per i processi di sterilizzazione della biancheria (a circa 140°C), per i mangani utilizzati per stirare nella lavanderia (circa 180°C) ed eventualmente per le cucine. Questa circostanza ha portato in passato ad un impiego estensivo dei generatori di vapore utilizzati a questo punto anche per gli altri impieghi termici quali il riscaldamento degli ambienti e acqua sanitaria e, a volte, per il condizionamento estivo con gruppi ad assorbimento. Inoltre l'impiego del vapore per l'umidificazione invernale nelle centrali di trattamento dell'aria garantiva igienicità del sistema. In realtà oggi si assiste ad una controtendenza dovuta all'alto costo di gestione di una centrale a vapore con la relativa distribuzione ad alta temperatura. Per quanto riguarda il trattamento dell'aria sono stati poi introdotti nel mercato sistemi di

atomizzazione dell'acqua ad ultrasuoni decisamente più economici ed altrettanto affidabili. Si tende quindi oggi ad usare il vapore limitatamente a quei servizi ausiliari cui si è già accennato.
Si ha allora impiego di acqua calda o pressurizzata per il riscaldamento (da 40-50°C fino a 90-110°C), e per la produzione di acqua calda sanitaria (40-50°C). In presenza di refrigeratori ad assorbimento si ha una richiesta di acqua sui 110-120°C per alimentare i gruppi monostadio, di vapore a 170-180°C per quelli bistadio.
Per i consumi elettrici occorre considerare l'illuminazione e gli usi vari fra cui le macchine elettriche espressamente necessarie per l'attività ospedaliera. Ci sono poi gli assorbimenti dei gruppi frigoriferi a compressione di vapore azionati da motori elettrici eventualmente presenti.
Per quanto riguarda l'aspetto elettrico si deve ricordare che in ogni caso in un ospedale l'impianto elettrico deve prevedere una certa produzione autonoma di energia elettrica. Esistono infatti delle utenze interne, ad esempio sale operatorie, cui si deve sempre e comunque assicurare l'alimentazione elettrica senza la minima interruzione. Determinate utenze previlegiate sono quindi collegate a gruppi elettronici di continuità che intervengono istantaneamente in caso di caduta sulla rete ENEL. Perdurando tale guasto intervengono allora successivamente gruppi elettrogeni, normalmente azionati da motori c.i., in grado di assicurare la fornitura elettrica per tempi più lunghi. Da questo punto di vista la scelta cogenerativa può quindi essere considerata semplicemente un'estensione di questa aliquota autoprodotta non più quindi solo in caso di emergenza, ma anche in condizioni normali e per una maggiore frazione dell'intera utenza.
Consideriamo ora un esempio di studio di fattibilità dell'impianto in questo caso valutando gli andamenti dei carichi elettrici e termofrigoriferi nei giorni medi mensili.
Più dettagliatamente per quanto riguarda il fabbisogno termico si andranno a valutare per ogni mese l'andamento dei carichi per la climatizzazione invernale ed estiva. In presenza di differenze sostanziali dovuti al diverso affollamento e attività tra i giorni feriali, festivi e più raramente anche prefestivi, si andranno allora di conseguenza a valutare tali andamenti su due o tre giorni per ogni mese. Questo calcolo su base oraria dei carichi è bene sia svolto con uno dei metodi di simulazione dell'edificio in regime dinamico di cui si è già parlato.
A titolo esemplificativo si riporta in fig. 5.4 gli andamenti del carico termico invernale in gennaio e di quello frigorifero in agosto così ottenuti con il progetto di un nuovo complesso ospedaliero nel Veneto. Nel periodo estivo

si dovrà considerare anche il calore richiesto per i postriscaldamenti nelle centrali di trattamento dell'aria a meno che non sia sempre previsto il recupero dai condensatori dei gruppi frigoriferi. Connessi con i carichi frigoriferi sono anche gli assorbimenti elettrici dei refrigeratori azionati da motore elettrico e il calore richiesto per gli assorbitori.

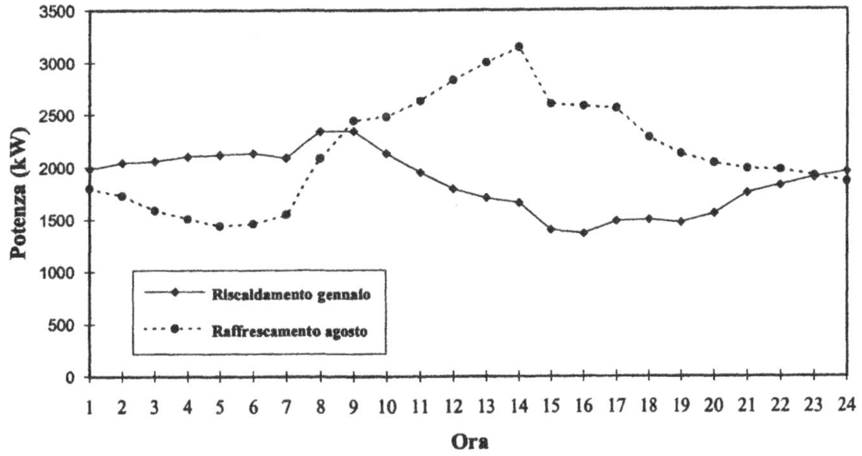

Fig. 5.4 Andamenti dei carichi nei giorni medi mensili feriali di gennaio per il riscaldamento e di agosto per il raffrescamento per l'ospedale considerato.

Per quanto riguarda il consumo per la produzione di acqua sanitaria e i consumi per i servizi ausiliari presenti si può fare riferimento a situazioni simili e ad un'ampia letteratura tecnica sull'argomento. Normalmente si usano distribuzioni giornaliere differenziate solo tra giorno feriale e festivo e ancora al più in base alla stagione. In fig. 5.5 si riporta il fabbisogno orario medio dell'utenza idrico sanitaria nel giorno tipo feriale sempre per il progetto precedente. Sommando tutti i carichi contemporanei si ottengono cosi le curve del fabbisogno termico nei giorni medi analizzati.
Procedura assolutamente analoga si utilizza per i carichi elettrici, in questo caso in presenza di illuminazione artificiale variabile si puo' ricorrere a programmi che stimano il contributo dell'illuminazione naturale all'interno dei locali. In fig. 5.6 si riporta il fabbisogno elettrico orario valutato in regime invernale per un giorno feriale.

Alla fine per ciascun giorno medio, considerato rappresentativo di un certo periodo, otterremo così due curve, una per la richiesta termica e l'altra per la richiesta elettrica. Si può quindi iniziare a valutare l'impatto connesso con l'inserimento di un gruppo cogenerativo di un certo tipo e di una certa taglia. Esistono due criteri progettuali: si può dare priorità di risposta alla richiesta termica oppure a quella elettrica.

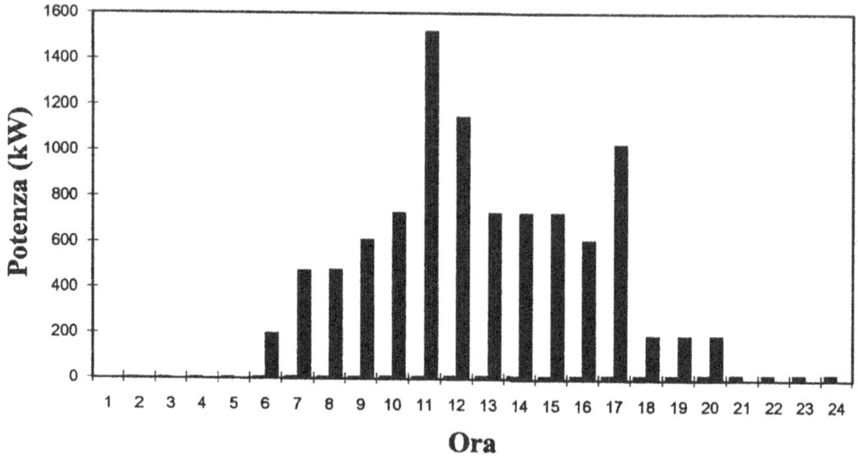

Fig. 5.5 Andamento del carico termico legato al consumo di acqua calda sanitaria nel giorno tipo feriale.

Nel primo caso l'impianto cogenerativo viene regolato seguendo la richiesta termica in modo da soddisfarla tutta o in parte in base alla potenzialità installata. Non c'è quindi mai dissipazione di calore. L'energia elettrica conseguentemente prodotta viene utilizzata dall'utenza e l'eventuale esubero può essere venduto all'ENEL se conveniente. Tale convenienza è però variabile perchè dipende anche dalle modalità di cessione e in particolare dalla fascia oraria relativa.
Viceversa il criterio che dà priorità di risposta al carico elettrico regola la cogenerazione in base a questo carico. L'energia elettrica viene tutta utilizzata dall'utenza mentre il calore in eccesso deve essere smaltito. Al crescere della quota di calore dissipata aumenta naturalmente il costo dell'elettricità autoprodotta. Questa strategia è allora conveniente fino a quando tale costo si mantiene inferiore alla tariffa ENEL. In presenza di

tariffa multioraria la risposta puo' essere ancora diversificata in base alla fascia oraria.
Si tratta quindi di analizzare le possibili prestazioni tecnico economiche applicando i due diversi criteri e per un' ampia gamma di impianti alternativi per tipo e potenza nominale. Si tratta di una valutazione laboriosa, ma piuttosto ripetitiva una volta impostate le premesse. Puo' trovare quindi oggi l'ausilio di programmi che permettono di sfruttare la rapidità del calcolo automatico.

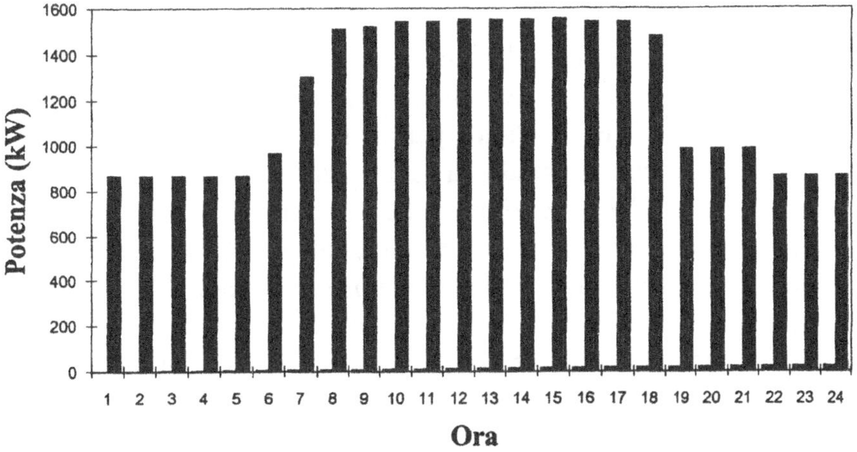

Fig. 5.6 Andamento orario medio della potenza elettrica assorbita nei giorni feriali del periodo invernale.

Dalla complessità della valutazioni si può trarre l'impressione che la scelta finale dipenda da moltissimi parametri. In realtà nella maggior parte dei casi non è così, perchè il giudizio finale si basa fondamentalmente sull'analisi finanziaria che impone rapidi tempi di ritorno degli investimenti e alte redditività. L'ottimizzazione degli impianti tende così a previlegiare la scelta degli impianti di taglia ridotta, rispetto ai picchi dei carichi dell'ospedale, ma piuttosto in grado di soddisfare quell'ammontare di fabbisogni che si mantiene pressochè costante nell'intero arco dell'anno. Lo scopo è naturalmente quello di ottenere un pieno utilizzo del sistema cogenerativo. Pur scegliendo quindi criteri progettuali diversi, alla fine spesso l'ottimizzazione degli impianti non fornisce risultati molto discosti.

5.5 Il terziario

Il settore terziario ha conosciuto recentemente un notevole sviluppo caratterizzato dalla tendenza a concentrare in grossi poli le attività commerciali e direzionali. Si tratta di complessi di notevole dimensione che presentano rilevanti fabbisogni elettrici durante l'intero arco dell'anno normalmente accresciuti nel periodo estivo dagli assorbimenti delle macchine frigorifere preposte al raffrescamento degli edifici. Una significativa richiesta termica è invece limitata alla stagione invernale per il riscaldamento degli ambienti. I vantaggi offerti da una produzione combinata di energia termica ed elettrica appaiono quindi, in questo caso, meno immediati che in altre applicazioni.
La forte incidenza degli oneri energetici sul costo di gestione annuale di questa tipologia di edifici è d'altra parte un forte stimolo alla ricerca di soluzioni impiantistiche in grado di ridurli anche a fronte di consistenti investimenti iniziali. Vediamo allora, a titolo esemplificativo, l'applicazione di un programma di simulazione sofisticato quale il TRNSYS per uno studio delle opportunità offerte dalla cogenerazione con motori endotermici in questo settore.
Vengono qui considerate alcune applicazioni particolari nel terziario: centri commerciali e direzionali di dimensioni medio-piccole. Questo nella convinzione che un'analisi relativa a strutture terziarie, di rilevanza contenuta, ma molto frequenti, possa interessare una fascia di progettisti più vasta. In questo contesto risulta di particolare interesse l'introduzione di macchine azionate da motori a combustione interna.
In entrambi i casi sono stati ipotizzati parametri progettuali assolutamente tipici e quindi generalizzabili a gran parte degli edifici di questo tipo.
Per analizzare l'effetto scala si sono considerate poi diverse superfici per le unità immobiliari, le stesse per le due tipologie applicative in modo da evidenziare le differenze nei due casi.
Così per il centro commerciale si è fatto riferimento ad una struttura edile con un solo piano fuori terra con superficie variabile in termini modulari. In fig. 5.7 è riportato lo schema dell'edificio (superficie pari a 7200 m^2) e l'indicazione di un singolo modulo (2400 m^2). Sono stati anche considerati i casi con superfici pari a 4800 e 12000 m^2 (2 e 5 moduli).
Il centro direzionale è un edificio multipiano a facciata continua con le grandi vetrate rese parzialmente opache mediante la posa in opera, sul lato interno, di pannelli di poliuretano e cartongesso di finitura per migliorare

l'isolamento termico. In fig. 5.7 è riportato il caso con tre piani fuori terra (superficie pari a 7200 m^2), ciascun piano ha una superficie di 2400 m^2. Anche qui sono state considerate pure le superfici pari a 4800 e 12000 m^2 (2 e 5 piani)

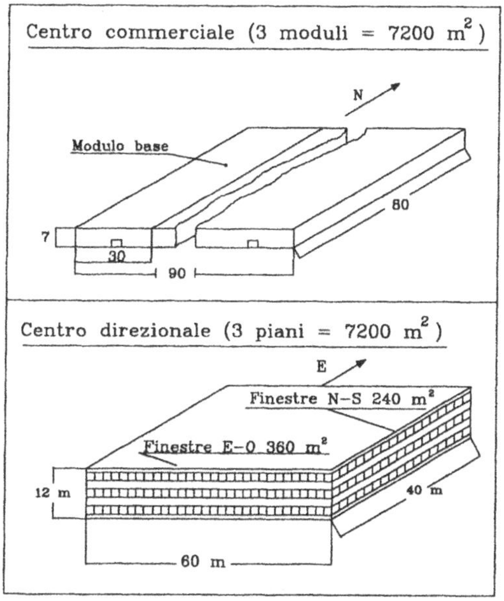

Fig. 5.7 Schemi delle due tipologie di edificio, commerciale e direzionale, studiate nel caso di una superficie pari a 7200 m^2.

Le strutture edili di riferimento sono indicate in Tab.5.II.
Per entrambe le applicazioni, l'impianto di climatizzazione garantisce, durante il periodo di utilizzo degli edifici, una temperatura interna di 20°C in inverno e di 26°C in estate. L'umidità relativa è regolata al 50%. Il riscaldamento è assicurato nella stagione prevista a Padova cioè dal 15 ottobre al 15 aprile, il raffrescamento nel rimanente periodo dell'anno.
Diverse risultano le modalità di gestione. Per l'ipermercato si prevede l'apertura dalle 8 alle 20 e dal martedì al sabato mentre per gli uffici gli impianti funzionano dalle 7 alle 19 e dal lunedì al venerdì. Per quanto riguarda i carichi endogeni massimi di progetto, per l'illuminazione per entrambi si considera 20 W/m^2 fluorescenti, 1 persona ogni 10 m^2 nel direzionale, 1 persona ogni 6 m^2 per il commerciale nella giornata di sabato mentre negli altri giorni l'affollamento si dimezza. In fig.5.8 sono riportati

per le due applicazioni gli andamenti orari nella giornata dei carichi effettivi come percentuali di questi valori massimi. Il direzionale presenta inoltre altri carichi elettrici (elaboratori) con un massimo pari a 20 W/m^2 e una distribuzione percentuale oraria stimata pari a quella delle persone.

Denominazione	*Descrizione*	*Spessore (m)*	*Condutt. (W/mK)*	*Cal. spec. (J/kgK)*	*Densità (kg/m³)*
Parete esterna (Commerciale)	parete in cls	0,20	1,91	920	2.400
	polistirene	0,04	0,04	1.340	25
	intonaco	0,015	0,21	1.090	900
Parete esterna (Direzionale)	vetrata	0,006	1.	840	2.500
	poliuretano	0,04	0,0935	1.600	35
	cartongesso	0,015	0,21	1.090	900
Tetto	ghiaia	0,05	0,70	860	2.000
	guaina imperm.	0,004	0,17	1.200	1.470
	poliuretano	0,03	0,035	1.600	35
	struttura in c.a.	0,05	1,51	1.010	2.000
Pav. su terreno	vespaio in ghiaia	0,40	0,70	840	1.500
	soletta in c.a.	0,15	1,51	1.010	2.200
	guaina imperm.	0,004	0,17	1.200	1.470
	massetto in cls+Leca	0,08	0,24	880	800
	pavimento in gres	0,05	1,00	800	2.300
Vetrate K = 3,49 W/m²K, Shc = 0,8					

Tab. 5.II Caratteristiche delle strutture per le due tipologie edili studiate.

L'impianto di climatizzazione assicura 1 vol/h di ricambio dell'aria nel centro commerciale, 2 vol/h negli uffici.

Si è ipotizzato un impianto a tutta aria per l'ipermercato, aria primaria e ventilconvettori per gli uffici. Il riscaldamento è di norma realizzato mediante caldaie tradizionali alimentate a gas metano. La produzione del freddo per il condizionamento estivo è invece affidata a gruppi frigoriferi utilizzanti R22 con compressori alternativi pluricilindrici e raffreddamento ad aria. Si è previsto il recupero parziale dai condensatori nel periodo estivo per il post-riscaldamento dell'aria trattata dalla centrale di climatizzazione. Si ricorda che si tratta senza dubbio della soluzione piu' corretta in quanto il

post-riscaldamento estivo non viene cosi' ad incidere nè sui costi di gestione nè sulle rese delle macchine. In base alle temperature operative è possibile ricavare le prestazioni dei refrigeratori e in particolare i loro assorbimenti elettrici utilizzando le relative curve caratteristiche fornite dai costruttori. Nella valutazione dei consumi elettrici generali si è stimato anche l'assorbimento di ventilatori e pompe, illuminazione esterna notturna, degli ascensori per il centro direzionale, dei banchi frigoriferi alimentari per l'ipermercato.
Per un corretto confronto economico tra diverse scelte progettuali è fondamentale un preciso calcolo del costo di gestione annuale dell'edificio in termini di oneri per l'energia elettrica, il gas metano consumato e la manutenzione. Per tutti i costi e per le tariffe si è fatto riferimento a quelle vigenti nel gennaio 1994.

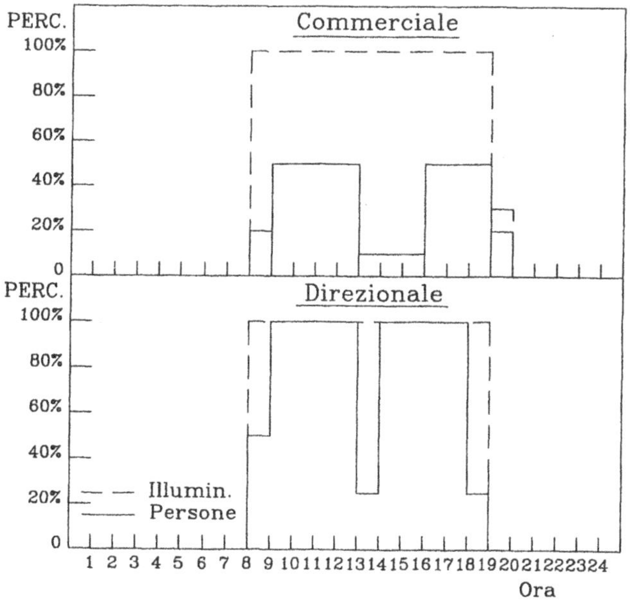

Fig. 5.8 Distribuzione giornaliera dell'illuminazione e affollamento espressi come percentuale del valore massimo. Per il commerciale, il sabato le presenze raddoppiano.

La bolletta annuale elettrica è stata valutata a seconda dei casi in base alla tariffa semplice per la bassa tensione e, per fornitura in media tensione,

semplice o multioraria per potenza impegnata superiore a 400 kW. E' stato sempre scelto il livello di utilizzazione piu' conveniente e in vari casi è risultato economicamente vantaggioso passare alla tariffa multioraria impegnando in quarta fascia una potenza maggiore di quella necessaria. In base al decreto CIP 6/92 è stata considerata la possibilità di vendere all'ENEL le eccedenze o di scambiarle in fasce orarie diverse.
La differenza tra il costo di gestione annuale in presenza e in assenza di cogeneratore mi permette di calcolare il risparmio economico annuale ottenuto grazie all'impiego dei gruppi cogenerativi.
Per applicare il metodo del flusso di cassa attualizzato, si è qui fatto riferimento ad un periodo di 10 anni ipotizzando un incremento percentuale simile per il costo dell'energia elettrica e del gas metano e pari all'inflazione considerata mediamente al 5%. Il tasso di sconto medio è stato assunto pari al 9%. Ne risulta un tasso di attualizzazione effettivo del 3,8%.
Calcolato, per ciascun investimento, il valore attuale netto cumulato (VAN) col passare degli anni, si è quindi fatto riferimento a due dati considerati particolarmente significativi per valutare la bontà di un dato investimento e precisamente il tempo di ritorno e la redditività dell'investimento su 10 anni cioè il rapporto tra il VAN cumulato in 10 anni e l'investimento iniziale.
Nei calcoli è stata volutamente ignorata la possibilità di contributi previsti dalla legge 10/1991 o altri incentivi dato che le passate esperienze hanno evidenziato la loro estrema aleatorietà.
In tab. 5.III sono riportati i picchi dei carichi energetici ottenuti mediante simulazione nei casi applicativi considerati. Essi hanno permesso di evidenziare la fascia delle potenze installate da investigare.

	Commerciale			***Direzionale***		
Superficie (m^2)	4.800	7.200	12.000	4.800	7.200	12.000
Picco elettrico estivo	224	309	558	350	526	877
Picco elettrico invernale	160	240	400	222	332	554
Picco frigorifero	242	319	602	455	681	1.124
Picco riscaldamento	373	499	878	584	831	1.320

TAB. III Carichi energetici principali degli edifici (kW).

Si è fatto riferimento a gruppi cogenerativi presenti sul mercato italiano e con caratteristiche assolutamente generalizzabili. Si tratta di macchine azionate da motori a ciclo Otto alimentati a gas metano. L'efficienza di produzione elettrica è stata stimata pari al 34%, il recupero termico dal sistema di raffreddamento dal motore e dai gas di scarico permette di utilizzare circa il 50% del calore prodotto dalla combustione nel motore. L'efficienza energetica globale del sistema cogenerativo è pari a 84%.

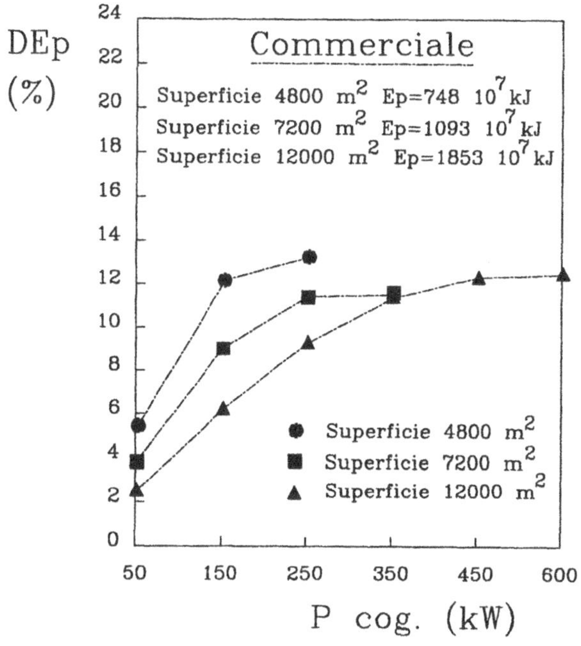

Fig. 5.9 Risparmio percentuale (DEp), in termini di energia primaria riferito al consumo annuale Ep in assenza di cogenerazione, al variare della potenza elettrica dei cogeneratori installati (P cog.) e per le tre superfici considerate nel caso commerciale.

La possibilità di sfruttare l'energia termica prodotta essenzialmente nel solo periodo invernale rende l'indice energetico (Ien) previsto dal provvedimento CIP n°6/92 decisamente inferiore a 0,51. In queste condizioni gli impianti vengono considerati alimentati da fonti convenzionali. I prezzi di cessione all' ENEL sono quindi basati sul criterio del costo evitato dall'ente secondo una logica che non ha niente a che vedere con i costi di produzione dei

privati. Anche lo stesso scambio di elettricità non gode delle agevolazioni previste per le fonti rinnovabili e assimilate. La scarsa convenienza economica comporta la scelta di vendere solo le eccedenze di produzione. Questo pero' implica un'ulteriore penalizzazione legata alla notevole discontinuità che si realizza nella cessione. La logica di regolazione scelta per il funzionamento degli impianti consente quindi la produzione di un'eccedenza da vendere solo quando si abbia il contemporaneo utilizzo del calore prodotto.
Nelle figure 5.9 e 5.10 si riportano allora i risparmi in termini di energia primaria, conseguibili nelle due tipologie applicative, commerciale e direzionale, al variare delle dimensioni degli edifici e per diverse potenze nominali di cogenerazione.

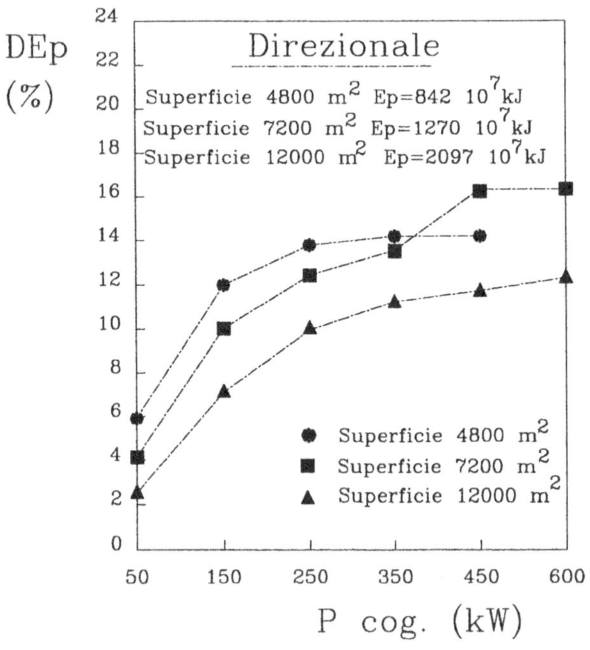

Fig. 5.10 Risparmio percentuale (DEp), in termini di energia primaria riferito al consumo annuale Ep in assenza di cogenerazione, al variare della potenza elettrica dei cogeneratori installati (P cog.) e per le tre superfici considerate nel caso direzionale.

Il risparmio è riferito al consumo annuale in assenza di cogenerazione pure riportato nelle figure per ciascun edificio. Il criterio dell'energia primaria annualmente consumata è d'obbligo data la necessità di unificare, nel confronto, i fabbisogni di energia termica ed elettrica. Si è qui considerata un'efficienza pari a 0,85 per la produzione del calore con caldaie tradizionali a gas metano.

Si notino i significativi risparmi energetici conseguibili, in termini relativi e soprattutto assoluti, nonostante il notevole spreco di calore nel periodo estivo.

Nella fig. 5.11 vengono invece riassunte le valutazioni economiche, nell'arco di dieci anni, relative ai corrispondenti investimenti economici proposti. Risulta evidente che, a parità di potenzialità cogenerativa e di superficie immobiliare, il centro direzionale comporta una redditività dell'investimento e tempi di ritorno decisamente piu' favorevoli. Solo nel caso di 4800 m^2, per le potenze piu' basse, si hanno risultati in leggera controtendenza dovuti essenzialmente alle modalità di tariffazione.

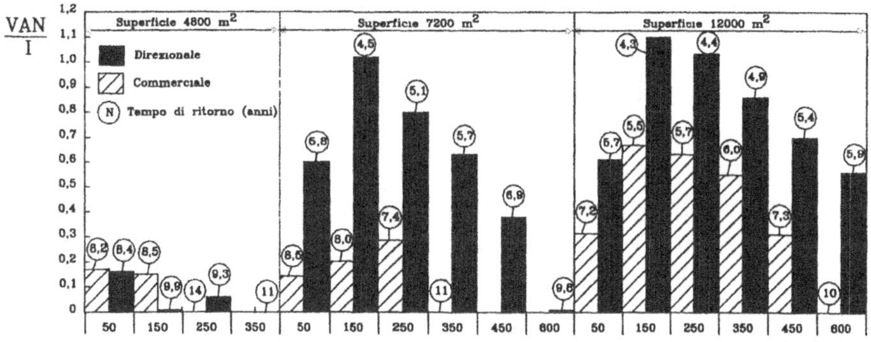

Fig. 5.11 Redditività dell'investimento valutato su 10 anni (rapporto VAN su investimento, VAN/I) e relativo tempo di ritorno al variare della potenza elettrica dei cogeneratori installati (P cog.) per le varie superfici, nei due casi applicativi considerati.

Il risultato generale non sorprende data la notevole superiorita', per gli uffici, dei consumi e relativi picchi specie quelli elettrici che tanto influenzano l'onere annuale e che la cogenerazione contribuisce decisamente a contenere. Rilevante è pure l'effetto scala: per le superfici piu' estese è infatti possibile

individuare le potenze cogenerative decisamente piu' favorevoli specie per il direzionale. I vantaggi economici calano drasticamente invece per superfici inferiori e la scelta cogenerativa diventa cosi' meno convincente. Anche in questo caso il cambio di tariffa, soprattutto per l'energia elettrica da semplice a multioraria, gioca un ruolo determinante dato il notevole vantaggio connesso all'impiego della cogenerazione, in presenza della multioraria, dato che abbatte i costi elettrici nelle ore di punta. Per gli edifici piu' grandi le taglie ottimali possono essere individuate tra i 150-250 kW e quindi non superano i picchi elettrici invernali che si riferiscono a carichi elettrici presenti con continuità durante l'intero arco dell'anno. Con la superficie minore invece, le prove indicano vantaggi crescenti al diminuire della potenza elettrica cogenerativa, la netta convenienza economica si sposta quindi nella fascia della microgenerazione. In questo caso pero' l'incidenza finanziaria ed energetica nell'ambito della gestione annuale diventa poco rilevante e non è stata qui analizzata.
Per le potenze cogenerative piu' elevate si realizza ad un certo punto la possibilità di passare dalla tariffa multioraria a quella semplice. Circostanza particolarmente vantaggiosa per i nostri edifici direzionali dato il forte onere economico per gli elevati assorbimenti elettrici di illuminazione, computers, ecc. presenti anche nelle ore di punta.
Per lo stesso motivo la scelta di spegnere i cogeneratori in agosto (fascia vuota) quando si verifica un costo dell'energia autoprodotta superiore a quello di acquisto non è detto sia scontata. Infatti la differenza di costo è minima, mentre aumenta leggermente l'onere per la potenza impegnata nel contratto di fornitura, ma soprattutto a volte questo impedisce di passare dalla tariffa multioraria a quella semplice con la perdita dei vantaggi già esposti nel caso direzionale.
Valutiamo ora la scelta di utilizzare l'energia elettrica prodotta anche per azionare pompe di calore con ciclo a compressione di vapore nel periodo invernale. In questo caso consideriamo le pompe di calore più generalmente impiegabili cioè quelle che utilizzano l'aria esterna come sorgente fredda. Infatti la disponibilità di altre sorgenti fredde, decisamente più indicate, quali acque di pozzo o superficiali oppure il recupero termico è assolutamente non scontata.
A differenza di quanto potrebbe sembrare poi, l'introduzione di pompe di calore elettriche che utilizzano l'aria esterna come sorgente fredda non viene assolutamente agevolato dalla presenza di gruppi di cogenerazione. Infatti, nelle condizioni climatiche del nord Italia, la giustificazione economica del maggior costo relativo all'installazione di macchine frigorifere reversibili,

cioe' funzionanti anche d'inverno, è ottenibile entro limiti progettuali molto precisi. Da un punto di vista elettrico l'autoproduzione non influenza le prestazioni economiche delle pompe di calore per potenze cogenerative installate inferiori ai carichi elettrici per consumi vari dell'edificio. Oltre tale limite posso pensare di trarre vantaggio dall'impiego di energia elettrica meno costosa perche' autoprodotta, ma a questo punto sono in presenza di una notevole quota di calore recuperato. Questo calore riduce allora la possibilità di sfruttare in pieno le pompe di calore presenti. Infatti il funzionamento della pompa di calore che utilizza l'aria esterna come sorgente fredda è vantaggioso solo quando la temperatura esterna supera un certo limite. Il miglioramento delle condizioni climatiche esterne accrescono la convenienza legata all'impiego della pompa di calore, ma contemporaneamente si riduce il fabbisogno termico dell'edificio.

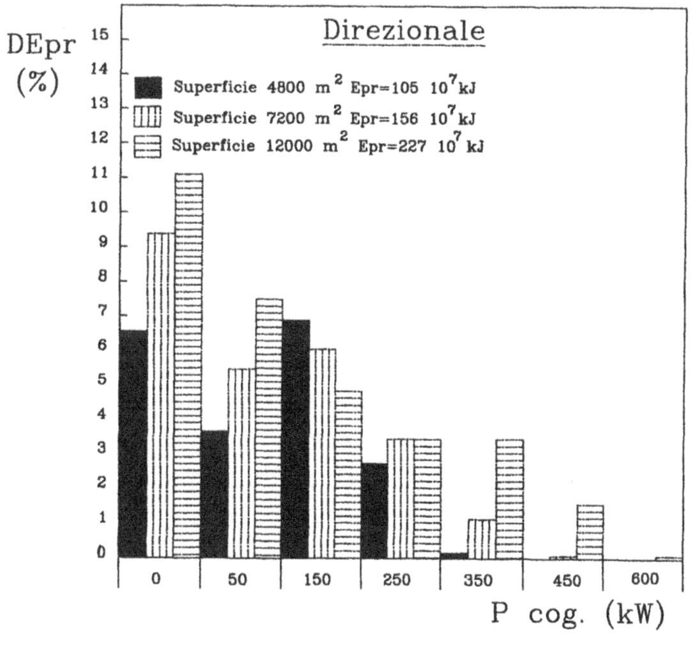

Fig. 5.12 Risparmio percentuale (Depr), in termini di energia primaria riferito al consumo annuale Epr per il solo riscaldamento dell'edificio, dovuto alla presenza di pompe di calore elettriche al variare della potenza dei cogeneratori P cog. (kW) per varie superfici nel caso direzionale.

La disponibilità di calore di recupero puo' allora spesso minimizzare o addirittura rendere inutile l'intervento della pompa di calore proprio quando le condizioni operative sarebbero piu' favorevoli al suo impiego.
A titolo esemplificativo si osservino in fig. 5.12 gli andamenti decrescenti del risparmio energetico aggiuntivo dovuto all'impiego di pompe di calore elettriche al crescere della potenza cogenerativa installata. In questo caso si è infatti prevista la presenza di refrigeratori reversibili. Per le pompe di calore le caratteristiche e le condizioni operative sono quelle previste per macchine a compressione di vapore con R22 e con riferimento ai modelli più tipici presenti sul mercato della climatizzazione.
Questo risparmio è riferito al consumo annuale di energia primaria per il riscaldamento degli edifici con caldaie tradizionali. A questo punto la giustificazione economica del maggior costo relativo all'installazione di refrigeratori reversibili diventa piu' ardua e spesso insostenibile.
La notevole quantità di calore sprecata nel periodo estivo suggerisce senza dubbio un suo utilizzo per l'alimentazione di gruppi frigoriferi ad assorbimento. In questo modo è anche possibile aumentare l'indice energetico (Ien) già citato anche se il superamento del limite 0,51 si è qui verificato solo in certi casi. Il desiderio di poter eventualmente utilizzare tutta l'energia termica recuperabile dal motore comporta pero' necessariamente un livello termico per l'acqua di alimentazione di 80-85°C dato che la temperatura dell'acqua di raffreddamento all'ingresso del motore normalmente conviene non superi i 70°C.
Le effettive condizioni di funzionamento previste comportano delle notevoli penalizzazioni con un calo della resa frigorifera di circa il 50% della nominale e un'efficienza che oscilla intorno a 0,6. Una penalizzazione cosi' spinta ha consigliato di sondare la possibilità di utilizzare solo il recupero dai gas di scarico in modo da alzare il livello termico del calore recuperato. Ipotizzando di ottenere acqua calda surriscaldata a 110°C si puo' pensare alla possibilità di operare ad una potenza frigorifera pari alla nominale ed una resa pari a 0,7.
Nella valutazione dell'effettivo sovracosto legato alla introduzione del refrigeratore ad assorbimento si è naturalmente scontato il risparmio conseguito per la riduzione della potenzialità frigorifera installata dei rimanenti gruppi frigoriferi a compressione. Da questo punto di vista il funzionamento a piena potenza permette anche un minor costo di investimento iniziale rispetto al caso penalizzato.
Raffreddando invece i gas di scarico solo fino a 210°C, è possibile produrre vapore d'acqua a 8 bar e 180°C. Tale vapore puo' alimentare gruppi ad

assorbimento bistadio ottenendo rese intorno a 1,1. Dato l'intento di riferirsi sempre a macchine commerciali presenti nel mercato nazionale, è risultato difficile individuare macchine bistadio di piccola potenzialità alimentate con calore di recupero. Per lo stesso motivo sono state qui trascurate soluzioni che prevedano sorgenti con livello termico differenziato per i due generatori della macchina bistadio.
Utilizzando solo i fumi, il calore totale recuperato non supera pero' nei due casi rispettivamente circa il 20% e il 15% del consumo dei cogeneratori.
Alla fine i risultati economici ottenuti con queste scelte, che per brevità qui si omettono, non si discostano molto da quelli della soluzione che prevede il recupero anche dal circuito di raffreddamento del motore.

Superficie		***4.800 m²***			***7.200 m²***			***12.000 m²***		
Cog. kW	Assorb. kW	DEp %	T.R. anni	VAN/I	DEp %	T.R. anni	VAN/I	DEp %	T.R. anni	VAN/I
150	0	12,0	9,9	0,10	10,0	4,5	1,02	7,1	4,3	1,10
150	50	13,3	10,5	-	11,1	4,8	0,88	7,8	4,5	0,99
150	150	15,5	10,0	0	12,7	4,9	0,86	8,9	4,6	0,95
250	0	13,8	9,3	0,06	12,4	5,1	0,80	10,0	4,4	1,03
250	50	15,5	8,7	0,12	13,4	5,5	0,69	10,6	4,7	0,92
250	100	16,3	8,5	0,14	14,2	5,3	0,74	12,0	4,5	1,01
250	200	18,4	8,5	0,14	15,9	5,5	0,68	12,2	4,8	0,91
350	0	14,2	11,3	-	13,5	5,7	0,63	11,2	4,9	0,86
350	100	16,7	11,4	-	15,3	5,9	0,56	12,3	5,1	0,80
350	200	18,7	11,6	-	16,9	6,0	0,55	13,3	5,1	0,79
350	300	20,2	12,8	-	18,4	6,4	0,46	14,4	5,5	0,68

Tab. 5.IV Risparmio percentuale in termini di energia primaria (DEp), tempo di ritorno (T.R.) e redditività dell'investimento valutato su 10 anni (rapporto VAN su investimento, VAN/I) al variare della potenza nominale dei cogeneratori e degli assorbitori, nel caso direzionale.

In particolare in tab. 5.IV si riportano i risultati per il centro direzionale per diverse potenzialità nominali dei cogeneratori e degli assorbitori a semplice

effetto alimentati con acqua calda a 85°C. Nonostante le modeste potenzialità dei refrigeratori considerati, l'incremento del risparmio in termini di energia primaria è comunque netto. L'analisi economica è ancora basata sul tempo di ritorno e sulla redditività dell'investimento valutato in dieci anni. Di nuovo vistoso è l'effetto scala: i tempi di ritorno ottenuti sono accettabili per gli edifici piu' estesi diventano invece difficilmente proponibili con 4800 m^2. Per lo stesso edificio, a parità di potenza dei cogeneratori installati, la migliore redditività viene pero' sempre realizzata in assenza di assorbitori.
Vediamo ora di formulare alcune conclusioni in base a questo studio che ricordiamo si è limitato a considerare l'impiego di gruppi cogenerativi azionati da motori alternativi nel settore terziario con riferimento alla fascia delle potenze medio-basse.
A fronte di risparmi energetici sempre degni di nota, questa particolare applicazione della cogenerazione va analizzata con molta attenzione da un punto di vista economico.
Le soluzioni individuate piu' vantaggiose in termini monetari sono infatti caratterizzate da potenze elettriche cogenerative alquanto inferiori ai picchi elettrici degli edifici. Gioca a sfavore dell'installazione di potenze maggiori anche il basso valore dell'indice energetico realizzato dagli impianti che impedisce di sfruttare pienamente le opportunità previste dalla nuova normativa. Considerazioni analoghe valgono per l'introduzione dei gruppi frigoriferi ad assorbimento che solo in certi casi riesce ad incrementare l'indice energetico oltre il limite 0,51. Sempre a tale scopo, si puo' allora pensare ad un utilizzo del calore cogenerativo, altrimenti sprecato, per il post-riscaldamento estivo in alternativa al recupero parziale dai condensatori. Perfino questa soluzione, peraltro non giustificata da un punto di vista strettamente energetico, non sempre permette di superare il suddetto limite. Tale valore si rivela cosi' molto severo e tale da penalizzare anche impianti in grado di fornire significativi risparmi energetici.

5.6 La microcogenerazione

L'impiego di cogeneratori di piccola potenza (sotto i 100 kW elettrici) può trovare un proficuo impiego nell'ambito di quelle realtà caratterizzate da una richiesta termica una cui frazione, anche se di ridotta entità, si mantiene pressochè costante durante l'anno. Nell'ambito del terziario questo si può verificare quando si abbia la presenza di un consumo rilevante di acqua

calda per usi sanitari e quindi tipicamente a bassa temperatura (40-48°C). E' questo indubbiamente il caso delle piscine dove ad una forte richiesta di acqua sanitaria per i servizi, si aggiunge anche il consumo per il riscaldamento dell'acqua della piscina che, pure se con entità diversa, risulta esteso ad un periodo ben più ampio della stagione invernale. Analogamente si possono considerare le grandi comunità: collegi, caserme, scuole e poi gli impianti sportivi e gli alberghi.
L'impianto di cogenerazione viene allora dimensionato proprio sulla base di questa richiesta termica sempre presente. La conseguente produzione elettrica sarà utilizzata per lo più dall'utente e data la sua entità si dovrà quindi normalmente aggiungere l'integrazione della rete. Viceversa nell'eventualità (piuttosto rara) di esuberi questi possono comunque essere ceduti in modo vantaggioso all'ENEL dato l'elevato valore dell'indice energetico Ien.

Fig. 5.14 Un gruppo cogenerativo compatto con i pannelli di isolamento acustico rimossi.

Normalmente ne risultano allora impianti di cogenerazione piuttosto piccoli e quindi necessariamente basati su motori a combustione interna. Sul mercato sono così disponibili molti modelli di unità compatte per la microcogenerazione completamente equipaggiate e insonorizzate. In fig. 5.14 si riporta la vista di un piccolo gruppo compatto. Essi utilizzano spesso motori di derivazione automobilistica derivanti da grandi produzioni di serie che permettono così di ridurre i costi. Il generatore elettrico è di tipo asincrono munito della relativa apparecchiatura di rifasamento e viene solitamente offerto come opzione anche il sistema di autoeccitazione per poter impiegare la macchina come gruppo di emergenza in caso di caduta della linea pubblica. Il recupero termico risulta essere totale e quindi a bassa temperatura (massimo 80-85°C).

Alla macchina cogenerativa vengono quindi affiancati generatori di calore di tipo tradizionale per soddisfare i fabbisogni del riscaldamento invernale ed eventualmente le punte di carico anche negli altri periodi. Il gruppo di cogenerazione, date le sue dimensioni contenute, può così spesso semplicemente venire direttamente alloggiato in centrale termica insieme alle caldaie. In fig. 5.15 si riporta la vista di una centrale termica con presenza contemporanea delle caldaie e del modulo cogenerativo compatto.

Fig. 5.15 Una tipica installazione di un piccolo cogeneratore alimentato a gas. Il calore addizionale viene fornito dalle caldaie presenti.

In questo contesto risulta molto conveniente l'introduzione di accumuli termici sia per prolungare nel tempo la produzione dell'acqua calda necessaria in modo da ottimizzare la potenza cogenerativa installata e anche per permettere un funzionamento meno intermittente dei motori. E' inoltre così possibile spostare la produzione combinata in periodi più proficui ad esempio nelle ore in cui si concentra anche la richiesta elettrica.
In queste condizioni si possono realizzare investimenti con tempi di ritorno (3-5 anni) decisamente interessanti anche per le utenze private minori e quindi più restie ad una esposizione finanziaria più lunga. Recentemente poi da parte di alcune società produttrici nazionali vengono proposti dei contratti di noleggio o leasing in cui l'impianto non viene pagato inizialmente dall'utente, ma invece ratealmente in base ai risparmi che questo è in grado di fornire sulla bolletta energetica annuale in quel contesto applicativo. Si tratta evidentemente di una forma contrattuale molto appetibile dato che non comporta rischi finanziari per l'utente.
L'impiego infine di gruppi ad assorbimento per un utilizzo nell'ambito del condizionamento estivo del calore recuperato è ancora notevolmente penalizzato dalla basse rese delle macchine frigorifere quando alimentate da calore a bassa temperatura. Come già chiarito però, eventuali incentivi economici pubblici o privati possono facilitarne l'installazione

CAPITOLO VI

CENTRALI TERMOELETTROFRIGORIFERE

6.1 Introduzione

Abbiamo visto nei precedenti capitoli come la cogenerazione, producendo contemporaneamente elettricità e calore, possa diventare la soluzione su cui basare il progetto di un'unica centrale tecnologica in grado di soddisfare l'intero fabbisogno energetico nelle sue varie forme e in cui le modalità di produzione delle diverse forme di energia finiscono per essere tra loro correlate. Come abbiamo appena spiegato infatti, anche la stessa produzione dell'energia frigorifera richiesta può essere ottenuta in conseguenza delle disponibilità termiche dell'opzione cogenerativa.
Si può quindi pensare di impostare la gestione dei consumi energetici di un edificio in termini assolutamente globali ai fini di contenere l'onere energetico ed economico richiesto.
Questa corretta impostazione del problema energetico porta allora inevitabilmente ad accettare in termini ancora più radicali una gestione unitaria dei consumi energetici in un determinato contesto applicativo.
La presenza di un motore primo in grado di trasformare l'energia primaria del combustibile in lavoro meccanico suggerisce infatti di utilizzare questa opportunità per azionare direttamente i compressori di gruppi frigoriferi a compressione di vapore. Utilizzando poi macchine reversibili è possibile pensare anche ad un funzionamento come pompe di calore. In questo modo la stessa produzione elettrica non è più strettamente vincolata all'energia meccanica resa disponibile, ma si può invece pensare di utilizzare quest'ultima, nella misura voluta, per produrre direttamente energia termica o frigorifera. Ci si libera cioè, almeno in parte, dagli inconvenienti legati a quel rigido rapporto tra produzione elettrica e termica che avevamo visto caratterizzare i diversi tipi di motori primi.
Naturalmente la concreta possibilità di azionare direttamente i compressori è in effetti riservata agli impianti di potenza cogenerativa medio-bassa e quindi solitamente nella fascia di utilizzo dei motori a c.i. e, più raramente, di piccole turbine a gas.

La presenza di un motore a combustione interna permette infatti facilmente di accoppiare sull'asse del motore sia un generatore elettrico costituito da un motore elettrico asincrono e sia anche il compressore. In fig. 6.1 si riporta lo schema di accoppiamento del motore termico con generatore e compressore. Il generatore elettrico può rimanere accoppiato con continuità al motore anche in assenza di richiesta elettrica, in tal caso si comporterà come un semplice volano collegato all'albero. Il compressore può essere viceversa sconnesso mediante la frizione. Si può poi avere un funzionamento contemporaneo dei due dispositivi accoppiati.

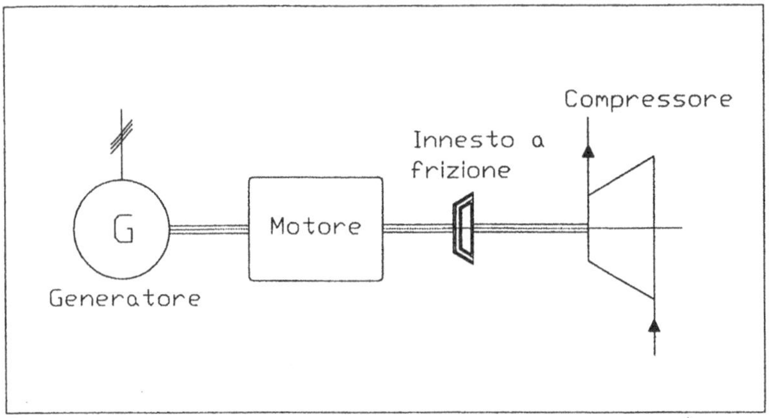

Fig. 6.1Accoppiamento motore con compressore e generatore elettrico.

Infatti in presenza di una parzializzazione del compressore si puo' pensare ad un utilizzo della potenza meccanica in eccesso per produrre energia elettrica. Il generatore asincrono puo' fungere anche da motore di emergenza del compressore in caso di rottura di quello a ciclo Otto. Si realizza cosi' una centrale termoelettrofrigorifera in grado di fornire energia nella forma piu' adeguata al fabbisogno dell'edificio o piu' conveniente in termini di costi di gestione.

Vediamo allora nel seguito quali possono essere le prestazioni di una pompa di calore ad azionamento meccanico che operi in alternativa oppure in combinazione con il generatore elettrico. A tale scopo riprendiamo gli edifici nel terziario che già sono stati considerati nei precedenti studi di fattibilità. L'intenzione è anche quella di confrontare due possibili scelte alternative o combinate che si basano entrambe sull'impiego di motori a combustione interna a fronte delle stesse condizioni applicative. Si tratta di una situazione piuttosto frequente in cui il progettista si trova allora a dover scegliere fra varie opzioni progettuali.

6.2 Pompe di calore endotermiche.

Per la pompa di calore endotermica si è fatto riferimento a modelli presenti sul mercato italiano con caratteristiche assolutamente standard. Si tratta di macchine reversibili del tipo aria-acqua con ciclo a compressione di vapore funzionante con R22. Le potenzialità termiche nominali, pari alla somma della resa della pompa di calore e del calore recuperato, sono 150, 250, 375 kW. Per potenze superiori si è infatti preferito pensare di suddividere la potenza totale installata su più unità.

Fig. 6.2 Vista dell'accoppiamento motore-compressore in una pompa di calore endotermica compatta.

La differenza tra questa pompa di calore e quella elettrica consiste essenzialmente nel motore di azionamento del compressore. In questo caso si tratta di un motore a combustione interna oggi di norma un motore a ciclo Otto a quattro tempi alimentato da gas metano alla pressione di rete. Si osservi in figura 6.2 una pompa di calore endotermica di tipo compatto in cui la rimozione di alcuni pannelli esterni mette in risalto l'accoppiamento tra il motore e il compressore alternativo multicilindrico di tipo aperto.

La modulazione del numero di giri avviene mediante regolazione elettronica agendo sulla valvola a farfalla del carburatore. Variando il numero dei giri in un intervallo fra i 1000 e i 1500 giri al minuto, il rendimento meccanico del motore resta praticamente costante e stimabile intorno allo 0,32. Combinando così opportunamente la variazione del numero dei giri con l'esclusione dei cilindri dei compressori è possibile ottenere la possibilità di una parzializzazione quasi continua della macchina tra il 15% e il 100% della potenzialità nominale. L'adeguamento delle prestazioni della macchina al fabbisogno contingente dell'edificio è quindi realizzabile senza penalizzazioni rilevanti.

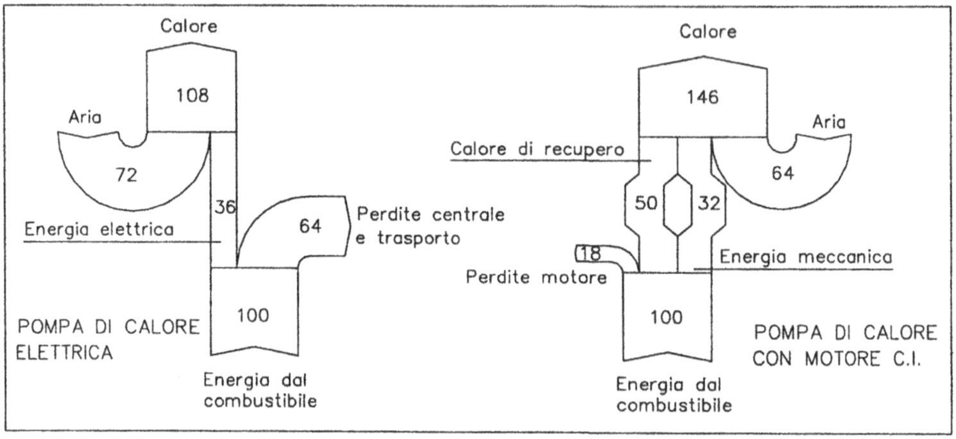

Fig. 6.3 Confronto tra le prestazioni energetiche della pompa di calore endotermica e di quella azionata da motore elettrico.

Con riferimento al funzionamento in regime di carico parzializzato, essa risulta quindi molto più flessibile della corrispondente pompa di calore elettrica. Il recupero termico dai fumi e dal raffreddamento del motore è assolutamente analogo a quello dei gruppi cogenerativi basati su motore a combustione interna. Proprio grazie al recupero, la pompa di calore endotermica presenta pero' una resa totale, anche nella peggiore delle condizioni operative, sempre migliore di quella fornita da una caldaia tradizionale ad alto rendimento e quindi puo' convenientemente funzionare sempre durante la stagione invernale. Questa circostanza rappresenta un grosso vantaggio rispetto alla corrispondente pompa di calore elettrica. Lo stesso sbrinamento della batteria fredda che si rende necessario per le pompe di calore ad aria quando la temperatura esterna scende sotto i 5°C, non rappresenta in questo caso un problema. Infatti mentre con le macchine elettriche si deve procedere ad una temporanea inversione del ciclo con calo della resa, qui si utilizza una frazione del calore recuperato dal motore per sciogliere la brina mediante un opportuno serpentino inserito nella batteria fredda.

In figura 6.3 si riporta un confronto, in termini di energia primaria, tra le prestazioni di una pompa di calore endotermica e di una elettrica. La sorgente fredda usata è aria esterna. In entrambi i casi si sono considerate le stesse condizioni operative dei cicli frigoriferi e quindi uno stesso COP assunto qui pari a 3. Il rapporto di energia primaria della pompa di calore endotermica è pari a 1,46 mentre è 1,08 per la macchina elettrica. La netta superiorità della pompa di calore endotermica evidenzia la possibilità di realizzare rilevanti interventi di risparmio energetico.

Il ciclo reversibile permette poi l'utilizzo anche per il condizionamento estivo. Come per le macchine ad assorbimento, anche in questo caso è possibile quindi pensare di produrre freddo utilizzando direttamente combustibili fossili. Di nuovo è possibile quindi pensare ad un impiego degli gli esuberi di gas naturale disponibili nel periodo estivo. Circostanza particolarmente interessante per le società erogatrici del gas che spesso offrono incentivi e riduzioni di tariffe per favorire l'uso di queste macchine che possono quindi aumentarne la convenienza.

Naturalmente, soprattutto per la presenza del motore a combustione interna, il costo delle pompe di calore a c.i. è superiore a quello delle macchine elettriche. A parità di potenza resa l'incremento di costo è circa del 40-50%.

Per valutare l'effettivo aumento del costo iniziale dell'impianto causato dall'installazione della pompa di calore endotermica, occorre però sottrarre al costo della macchina il risparmio che si ottiene per la riduzione della potenzialità della centrale termica e dei refrigeratori tradizionali. E' evidente che questo costo effettivo assume allora valori diversi per ciascun edificio qui considerato.

Nelle valutazioni economiche qui svolte ancora una volta non sono stati presi in considerazione eventuali contributi previsti dalle leggi vigenti o incentivi e agevolazioni previsti da alcune società del gas data l'estrema incertezza dei primi e la provvisorietà dei secondi.

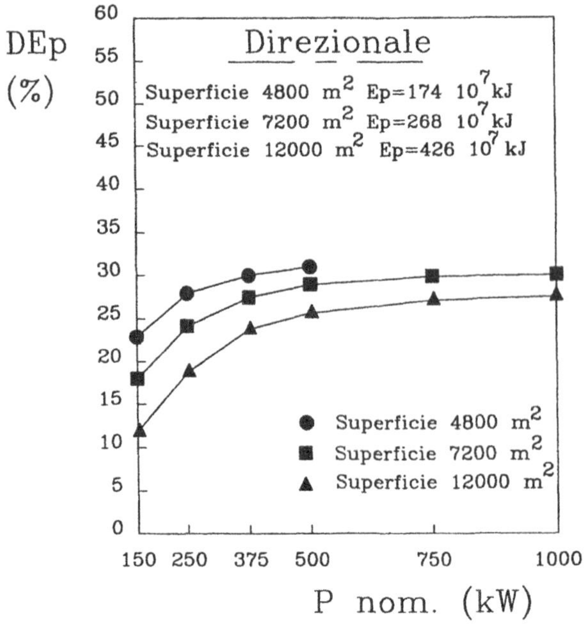

Fig. 6.4 Risparmio percentuale (DEp), in termini di energia primaria riferito al consumo annuale Ep dell'impianto in assenza di macchine endotermiche, al variare della potenza nominale delle pompe di calore a gas installate P nom. (kW) e per le tre superfici considerate nel caso direzionale.

6.3 Prestazioni delle pompe di calore endotermiche

Consideriamo ora, le prestazioni di questi sistemi per gli stessi edifici del precedente studio di fattibilità. La potenza nominale è ora la potenza termica ottenuta sommando il calore recuperato a quello ottenuto al condensatore in condizioni nominali. Per un confronto dimensionale dei motori alternativi utilizzati rispetto al caso cogenerativo si tenga allora presente che la potenza meccanica dei motori è circa un quinto di quella termica nominale.

Nelle fig. 6.4 e 6.5 si riportano quindi i risparmi percentuali in termini di energia primaria ottenuti al variare delle potenze termiche nominali delle pompe di calore installate per diverse superfici e nei due casi direzionale e commerciale. Tali risparmi sono riferiti al consumo annuale in termini di energia primaria degli impianti negli stessi edifici, ma in presenza di sole caldaie per il riscaldamento invernale e refrigeratori elettrici per il condizionamento estivo. Questo consumo è pure riportato nelle figure per ciascun edificio.

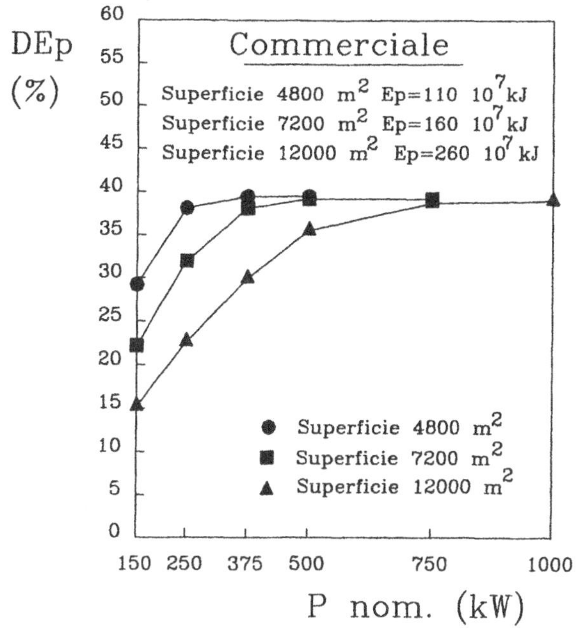

Fig. 6.5 Risparmio percentuale (DEp), in termini di energia primaria riferito al consumo annuale Ep dell'impianto in assenza di macchine endotermiche, al variare della potenza nominale delle pompe di calore a gas installate P nom. (kW) e per le tre superfici considerate nel caso commerciale.

La rilevanza del risparmio energetico è evidente se si considera che le taglie delle macchine endotermiche sono ora decisamente inferiori al caso precedente. Nella fig. 6.6 si riportano la redditività e i tempi di ritorno dell'investimento nei vari casi. I risultati mostrano una fascia di potenze tra i 250 e i 375 kW, che garantisce le migliori condizioni per l'investimento.
Anche qui è rilevabile l'effetto scala con un migliore comportamento per gli edifici di maggiori dimensioni. Con riferimento ai consumi elettrici per il condizionamento estivo, la pompa di calore endotermica reversibile permette infatti di conseguire un maggior risparmio nell'ambito di applicazione della tariffa multioraria. Nel periodo invernale, a parità di potenza installata, un maggior fabbisogno energetico per il riscaldamento dell'edificio rende naturalmente piu' completo l'utilizzo della macchina.
Un discorso a parte merita l'edificio di tre piani adibito a centro direzionale servito da una pompa di calore da 1000 kW azionata da motore a gas. In questo caso la riduzione della potenza frigorifera installata dei refrigeratori

elettrici è tale da permettere di ridurre la potenza elettrica da impegnare sotto i 400 kW. Il passaggio da tariffa multioraria a semplice determina qui allora il brusco incremento del vantaggio economico.

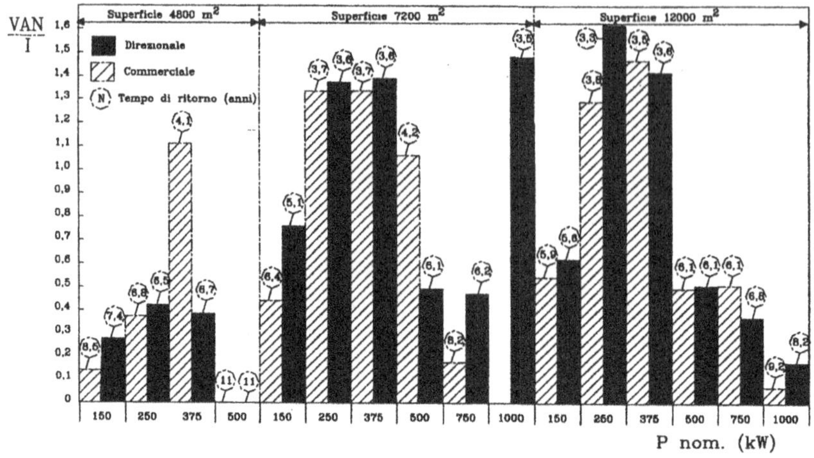

Fig. 6.7 Redditività dell'investimento valutato su 10 anni (rapporto VAN su investimento, VAN/I) e relativo tempo di ritorno al variare della potenza nominale delle pompe di calore a gas P nom. (kW) per le varie superfici, nei due casi applicativi considerati.

La normativa vigente ha introdotto la defiscalizzazione di almeno una quota del costo del combustibile per la cogenerazione. Tale incentivo non è invece previsto per le pompe di calore endotermiche. Questa circostanza puo' allora favorire l'azionamento indiretto delle pompe di calore cioe' la produzione di energia elettrica successivamente utilizzata per azionare pompe di calore. Tale soluzione è leggermente penalizzante dal punto di vista energetico ma puo' portare a risparmi sul costo del gas che nei nostri casi applicativi si aggirano intorno al 25-30%. Si tratta quindi di una scelta progettuale da non trascurare.

L'azionamento indiretto solleva pero' la questione circa l'opportunità di utilizzare l'energia elettrica autoprodotta non per il funzionamento delle pompe di calore, ma per ridurre i prelievi dalla rete ENEL, per lo meno nelle ore di punta. Nei casi applicativi qui considerati, le simulazioni hanno dato risposta negativa.

Si tratta infatti di preferire l'utilizzo delle caldaie all'impiego delle pompe di calore per soddisfare il fabbisogno di riscaldamento. In effetti i COP medi stagionali delle pompe di calore nelle ore di punta, cioe' in ore meteorologicamente favorevoli, sono risultati superiori al limite oltre il quale la pompa di calore è economicamente piu' conveniente della caldaia. Ad esempio con la tariffa multioraria in media tensione e per media utilizzazione, che è qui risultata quasi sempre la piu' conveniente, tale COP limite, in prima fascia, non supera 2,62 con riferimento ai costi 1994 utilizzati in questo studio di fattibilità

6.4 Centrali con azionamento combinato di generatori e compressori

In questo caso il motore alternativo viene accoppiato sia al generatore elettrico che alla pompa di calore reversibile. E' quindi possibile scegliere, di volta in volta, di produrre energia termica, frigorifera o elettrica in base a criteri di convenienza. Fondamentale è la scelta del tipo di regolazione per il funzionamento degli impianti. Si è quindi dapprima scelto di dare priorità al compressore sia d'estate che d'inverno.

Durante la stagione di riscaldamento il contributo massimo che puo' essere fornito dalla pompa di calore viene valutato sottraendo al fabbisogno dell'edificio il calore recuperabile dal circuito di raffreddamento del motore. La potenza meccanica eventualmente in esubero è invece utilizzata per produrre energia elettrica. Si è anche prevista la possibilità di vendere o scambiare energia elettrica con l'ENEL secondo quanto previsto dalle norme vigenti. Date le potenze nominali delle pompe di calore a gas qui indagate però, l'energia elettrica prodotta viene praticamente sempre utilizzata per il consumo interno degli edifici.

Si è quindi simulato il comportamento del sistema edificio-impianto con riferimento alla superficie di 7200 m^2 e alle due tipologie commerciale e direzionale. In fig. 6.7 si riportano i risparmi annuali in termini di energia primaria al variare delle potenze nominali delle macchine in presenza o in assenza di autoproduzione elettrica. Poiche' l'energia elettrica prodotta incide anche sui sui consumi elettrici vari dell'edificio: illuminazione, computers ecc., è ora necessario considerare il consumo annuale globale dell'edificio sempre in termini di energia primaria. I consumi globali di riferimento cioe' in assenza di pompe di calore endotermiche sono pure riportati in fig.6.7 per i casi considerati. Il confronto tra i risultati in presenza e in assenza di cogenerazione evidenzia un incremento dapprima inesistente o trascurabile, ma poi sempre piu' marcato al crescere della potenzialità nominale installata.

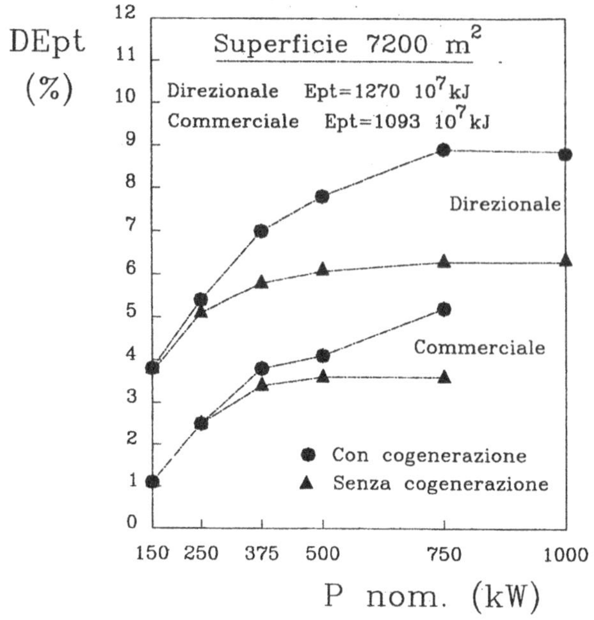

Fig. 6.7 Risparmio percentuale (DEpt), in termini di energia primaria riferito al consumo annuale Ept dell'intero edificio senza macchine endotermiche, in presenza e in assenza di cogenerazione al variare della potenza nominale delle pompe di calore a gas installate P nom. (kW), per la superficie da 7200 m^2 nei due casi commerciale e direzionale.

Infatti, mentre per le taglie minori l'utilizzo delle macchine a gas è sempre comunque completa, al crescere della potenza la possibilità di produrre energia elettrica aumenta la quantità di calore resa disponibile dal recupero e quindi il funzionamento in cogenerazione accresce lo sfruttamento della macchina.

In fig. 6.8 si riportano le redditività degli investimenti in presenza e in assenza di cogenerazione nei due casi commerciale e direzionale. Nel primo caso l'autoproduzione elettrica non comporta un beneficio economico. Infatti l'energia meccanica residua all'albero disponibile per il generatore elettrico è abbastanza modesta. Per l'edificio commerciale risulta inoltre in questi casi applicata la tariffa elettrica normale con un costo quindi dell'energia elettrica costante durante le ore di esercizio degli impianti. Risulta complessivamente che la cogenerazione permette sempre una riduzione del costo di gestione annuale, ma questo incremento del risparmio è abbastanza esiguo e non ripaga le maggiori spese di investimento iniziali per il generatore elettrico e l'accoppiamento.

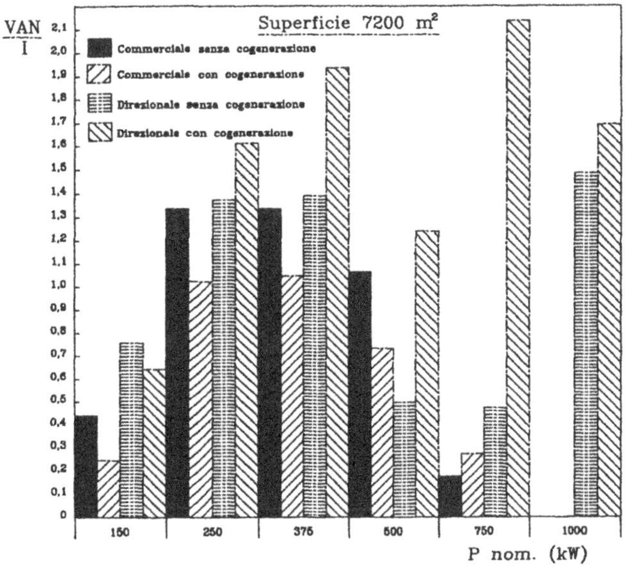

Fig. 6.8 Redditività dell'investimento valutato su 10 anni (rapporto VAN su investimento, VAN/I) al variare della potenza nominale delle pompe di calore a gas P nom. (kW), in presenza e in assenza di cogenerazione, per la superficie da 7200 m^2 nei due casi applicativi considerati.

Ben diversa è la situazione nel caso direzionale: qui la necessaria presenza della tariffa multioraria permette di sfruttare in pieno tutti i vantaggi della autoproduzione elettrica. Si ha infatti una riduzione sia della potenza elettrica da impegnare che dei relativi consumi proprio nelle fasce orarie piu' onerose. L'aumento del risparmio gestionale è quindi crescente all'aumentare della potenza nominale installata e quindi della quota parte di potenza meccanica disponibile per la produzione elettrica. Data la presenza della cogenerazione, per l'edificio direzionale con tre piani, la riduzione della potenza da impegnare sotto i 400 kW si realizza prima e cioè con una

Made in the USA
Middletown, DE
05 November 2026

36607797R00084